C语言编程工具使用实验教程

主　编　侯　帅　刘　晨
副主编　高　岩　槐崇飞
　　　　鲍玉斌　杨一桐

东北大学出版社
·沈　阳·

图书在版编目（CIP）数据

C语言编程工具使用实验教程 / 侯帅，刘晨主编. —
沈阳：东北大学出版社，2023.12
ISBN 978-7-5517-3473-8

Ⅰ. ①C… Ⅱ. ①侯… ②刘… Ⅲ. ①C语言—程序设
计—教材 Ⅳ. ①TP312.8

中国国家版本馆CIP数据核字（2023）第254800号

出 版 者：东北大学出版社
　　　　　地址：沈阳市和平区文化路三号巷11号
　　　　　邮编：110819
　　　　　电话：024-83683655（总编室）
　　　　　　　　024-83687331（营销部）
　　　　　网址：http://press.neu.edu.cn
印 刷 者：辽宁一诺广告印务有限公司
发 行 者：东北大学出版社
幅面尺寸：185 mm × 260 mm
印　　张：16.75
字　　数：347千字
出版时间：2023年12月第1版
印刷时间：2023年12月第1次印刷
责任编辑：项　阳
责任校对：潘佳宁
封面设计：潘正一
责任出版：初　茗

ISBN 978-7-5517-3473-8　　　　　　　　　　　　定价：40.00元

前　言
PREFACE

常言道："工欲善其事，必先利其器。"对于初学C语言编程的同学们来说，除了在算法逻辑学习上需要投入较大精力外，在编程环境搭建、算法编译工具选择上通常也会遭遇意想不到的困难。虽然这相对于算法编程练习来说似乎不算什么大问题，却也常常给同学们造成一定的烦扰。仔细想来，好像并没有专门的课程向同学们介绍这些工具的使用方法。很多动手能力强的同学，会在开发过程中自己查找文档、总结归纳，逐渐学会运用各种开发工具，不知不觉间成长为熟练的开发者。但又有多少同学刚开始上手编程时，会被无从下手的"error"、看不见摸不着的内存中的变量、莫名其妙消失的视图窗口"劝退"呢？

本书与传统的C语言程序设计类教材有一些不同，内容更多地侧重一些编程过程中相关工具的使用，包括IDE（integrated development environment，集成开发环境）使用、通过代码编辑器+编译器等工具构建编译环境、代码版本管理工具、在线OJ（online judge）、第三方库的使用等，同时穿插介绍C语言标准、shell命令、JSON数据结构等计算机编程必备的常识性基础知识。也就是说，虽然本书针对C语言进行教学，但熟悉了这些开发工具之后，在未来同学们学习使用其他编程语言时也可适用。

在开始介绍编译器的使用方法之前，利用首章内容为阅读本书的广大同学，尤其是尚未有编程经验的同学建立起基础且重要的计算机工作的整体概念，以便扫清一些令人困惑的问题：编译器的功能是什么？它与IDE的关系是怎样的？C源码代码是如何被编译器编译生成可执行文件的？编译环境是指什么？编译器所在的系统对写的程序有影响吗？

第二章以CodeBlock为例介绍IDE工具的使用，搜集了一些初学者从建立工程到使用调试功能进行debug时可能会出现的各类常见问题及解决方法。同时展示了IDE工具在快捷编辑、构建多文件工程等方面的使用技巧。

在掌握基础的IDE使用方法后，大部分同学都会进入大量练习编程题目实践算法的阶段。此时OJ系统就成为训练算法的不二选择。第三章以东北大学OJ（NEUOJ）

系统为例介绍了OJ系统的基本原理，列举了初次使用OJ系统可能会遇到的一些问题，帮助同学们快速进入练习状态。

很多初学编程的同学在学习一门编程语言时会止步于编程语法和算法题目，这往往是因为缺乏进一步学以致用的目标场景。难道C语言只能用来写一些控制台（console）算法题目吗？其实，即使初学C语言也可以做出一些窗体应用程序。第四章介绍了动态库与静态库的基本概念，进而以EGE（Easy Graphics Engine）开源图形库为基础练习使用C语言编写简单的窗体程序。

除了IDE工具外，在很多工作场景下，使用代码编辑器+命令行+编译工具套件自行搭建轻量级的开发环境是必不可少的。第五章以近年来主流的代码编辑工具VSCode（Visual Studio Code）为例介绍了这部分内容的相关知识。

追踪、学习优质开源项目是现代编程者提升自身编程能力的一个重要途径。这些开源项目绝大多数都是通过代码版本工具git进行管理的。因此掌握git工具及git仓库托管平台的基础使用方法十分必要。第六章介绍了git工具本地操作的常见命令使用方法，以及使用代码托管平台进行团队协作时常见的工作场景。

感谢东北大学资产与实验管理处，东北大学计算机科学与工程学院国家级实验教学示范中心的各位老师对本书成书给予的大力支持。感谢东北大学计算机科学与工程学院人工智能系程序设计（C语言）课程团队的各位老师对本书的组成内容和行文结构等方面提出的宝贵建议。感谢东北大学出版社的副社长孙锋、项阳编辑等对本书进行的编辑、校对工作。感谢刘熔鼎同学在紧张的科研工作之余抽出时间试读本书，找到并订正了许多疏漏，提出了很多宝贵的改进意见。

编 者
2023年10月

目 录
CONTENTS

## 第一章

使用编译器前的预备知识

第一节 计算机工作的基本结构（冯·诺依曼）

目前能接触到的各种形态的计算机设备，如手机、个人电脑、计算器等，虽然看起来功能各不相同，但大体上都遵循冯·诺依曼体系结构。即程序和数据都是二进制编码，以二进制形式存储在存储器（内存）中。在运行程序时，计算核心（CPU）从当前指定的存储区域获取指令，解释并执行指令，之后获取下一条指令，不断循环。如图1.1所示。

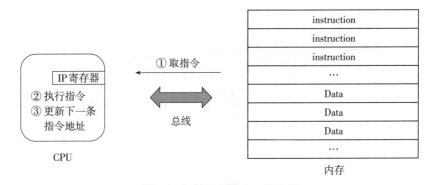

图1.1 计算机的基本工作流程

该基本概念在很多科普资料中都可以见到，之所以在开篇强调，是因为希望大家首先明确一点，无论用什么样的编程语言写成多么复杂的代码，即使组织逻辑不是顺序结构，在处理器上实际执行的指令也都是从一个入口开始，一条接一条依次执行的。这也是同学们初学时阅读理解代码、跟踪代码实现功能的最基本原则。

这也引出了另一个问题：CPU执行的指令到底是什么？是课堂上写的C语言指令吗？宏观上讲，计算机肯定是执行了所写的C语言代码，毕竟无论用什么样的编程语言写代码，最终的目的都是操作计算机工作。但实际上，CPU执行的是特定CPU指令集架构下的指令编码，现在大家可以通俗地理解成0101这样的"机器码"。而对很多初学的同学而言，C语言虽然有点"拗口"，但毕竟是能被人类接受和理解的字符文本。要想让计算机执行C语言这样偏向人类语言的编程语言所编写的程序，并且希望可以只关注人能看得懂的部分，不希望在写代码时过多地考虑底层的机器码，就需要一个工具，它能够自动将C语言所描述的每个动作翻译成CPU能够识别的机器码，这样的工具就是编译器。

第二节 C语言到可执行文件的构建过程

图1.2描绘的是C语言源文件在常见的开发环境下经过编译链接生成可执行文件的一般过程。如果是第一次接触编程、还没有使用过编译器的同学看到图1.2可能会很困惑。介绍这个过程只是希望同学们对源文件编译成可执行文件的过程有一个整体的印象，以便之后使用编译器时能够更明确每一步进行的操作是什么，生成的文件是什么。即使对下面介绍的每一步的内容一头雾水也没关系，随着对计算机领域知识的积累，这些疑问会逐渐化解。

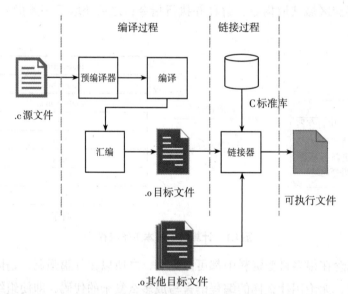

图1.2 C语言编程生成可执行文件过程

（1）预编译。这一阶段主要对源码文件进行一些文本处理，将一些#include包含的头文件、#define定义的宏展开，执行#ifdef等预编译指令，删除注释等。

（2）编译生成汇编语言。C语言首先被翻译成汇编语言——一种更加贴近底层的编程语言，编译过程中还会定位一些语法错误。

（3）汇编。汇编器会将生成的汇编代码转换成二进制机器码，被称为可重定位的目标文件。

（4）链接。链接器会将C语言源文件生成的目标文件与程序中用的标准库代码，以及其他C源码生成的目标文件链接在一起，包括段表合并、重定位符合表等操作，最终生成二进制可执行文件等。

同学们在深入学习计算机各门课程的过程中，会接触到一些算法、协议等，相比于了解怎么做，问一下自己为什么这样做往往更有意义。接着开篇提出的CPU执行的指令到底是什么的问题，如果CPU可以执行指令编码，那么为什么不直接写那些编码直接让CPU执行，而是需要写出高级程序语言再编译呢？在这里举一个汽车的例子帮助大家更好地理解。对于一般驾驶员，操控汽车的"高级语言"是其面前的方向盘、挡杆、油门和刹车。至于发动机转速、扭矩、机油输入量等底层的情况，驾驶员是不需要具体了解并实时操作的。试想一下，如果每次开车转弯前都需要设定发动机功率等一大堆数据才能动作，开车就会变得极其烦琐和痛苦，甚至变得不太可能实现。汽车底层的状况和功能经过封装，抽象到驾驶员层面只需保留下容易操控和理解的部分就能满足日常汽车行驶等功能的需求。当然，越贴近底层，驾驶员对汽车这个整体操控的权限就越大，可能会实现常规状态下无法完成的操作。至于程序设计语言为什么需要经过编译，类比上述描述，就更好理解了，高级程序设计语言（如C语言等）就是操控计算机运行的方向盘。当然，C语言在一些场合也被称为中级语言，因为它毕竟还可以经常用于操作内存等其他底层硬件设备。还有很多语言（如Java、Python等）进一步封装抽象了一些功能，更加贴近应用，这点大家在以后的学习中会有更深的体会。

第三节 了解围绕编译工作的一些概念

一、编译器（compiler）

上述将源码编译成可执行文件的多个步骤都是由编译器完成的，只要将源码输入进去，就可以完成编译过程，生成可执行的机器码文件。目前主流的编译器如下。

1. GCC

GCC（GNU compiler collection，GNU编译器套装）是大名鼎鼎的、世界上非常流行的开源编译器套件，从最开始只支持C语言，直到现在已经可以支持C++、Fortran、Java等多种编程语言，是GNU自由软件计划的重要组成部分，类Unix系统（Linux、BSD）上的标准编译器。在Windows上使用GCC时，很多项目提供了其Windows移植版本，目前最为主要的是MinGW-w64。很多开源IDE附带的编译器最终使用的都是它，同时它也是本书主要介绍的编译器。

2. MSVC

MSVC（Microsoft Visual C/C++）编译器是Windows专属的编译器套件。虽然可以单独安装，但一般集成在微软的IDE中一起使用。不需要单独进行环境变量等配置，开箱即用，体量与其他轻量级的编译器相比较大。如果希望开发Windows专属的应用，那么它是一个好选择。

3. Clang-LLVM

Clang是近年来C/C++编译器的后起之秀。编译器组成部分可以按照功能不同划分为前端、优化器和后端。前端负责和目标机器无关的部分，包括词法分项、语法分析等直至生成中间表示的语言；优化器负责将中间语言进行优化；而编译器后端则负责编译优化后的中间代码，最终生成目标代码。Clang是C编译器的前端。LLVM是一种编译器基础框架，是用来构造编译器的工具，经常被用作编译器的通用后端。

与GCC相比，Clang在一些场景下的编译速度更快，占用内存更小。模块化的设计让它更容易被代码分析工具和IDE集成。它自带代码静态分析，诊断信息可读性强，在Mac系统的XCode上集成。

二、集成开发环境（IDE）

同学们可能对上面编译器的名字很陌生，那是因为很多初学者都是从IDE开始自己的编程之旅的，而编译器是IDE中的一项核心功能。对于编程而言，除了编译代码外，还有很多其他工作。

比如在书写代码时，首先使用的是编辑器，类似于Windows记事本。很多情况下，用于编程的代码编辑器提供高亮代码关键字、代码提示、自动补全、语法检查等能够极大地提升编程工作效率的功能。这些功能被称为IntelliSence。一些独立的代码编辑器（如Vim、Sublime、VSCode等）在插件的加持下会提供比IDE自带的编辑器更为强大的代码编辑功能。

调试器也是编写程序过程中必不可少的工具，它能够让人们逐步跟踪程序的执行过程，查看内存中函数调用栈、局部变量等内容的变化。

除基础的编译、编辑和调试功能外，IDE一般还有集成开发过程中可能用到的其他功能，例如：

（1）项目工程管理。管理在开发时用到的第三方库、媒体文件或数据库等资源。

（2）版本管理。集成git、SVN等版本管理工具。

（3）构建功能。一些完整的程序项目在编译构建时包含了许多文件和库，它们往往在编译过程中有着复杂的构建关系，手动配置构建脚本（如Make、CMake工具）有时很费力。IDE让整个构建过程对开发者透明，对于初学者来说，暂时可以只关心图1.2中源码的部分，只要源码没有编译错误，后面一系列的生成过程在IDE中经过配置一般只要一个Build按钮就可以完成了。

IDE的常见功能及目前主流的几个C语言IDE整理如图1.3所示。

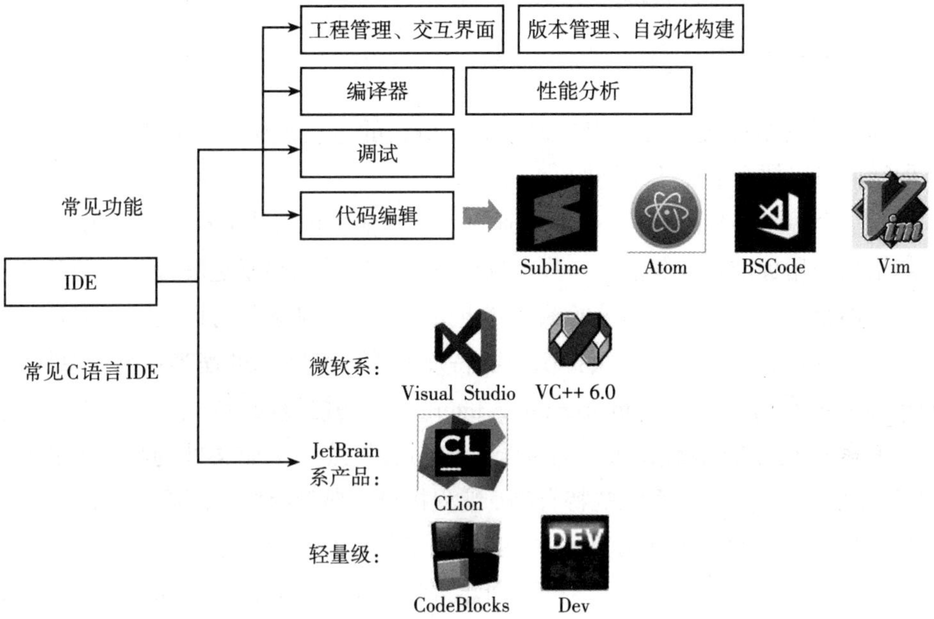

图1.3　常见IDE及其功能

其中，Visual Studio是微软出品的企业级开发工具，功能全面而强大。支持C#、F#、VB、C/C++等多种语言的开发。有免费的社区版本，项目配置灵活，支持内存和CPU监控，插件丰富。代码的IntelliSence功能很强大，还配有代码重构等高级功能，开发调试效率很高，很适合在大型项目开发中使用。只是对于初学者的需求而言占用体积较大，基础C/C++相关功能安装需要20 GiB左右的空间，并且安装及项目配置等功能需要经过一定的学习过程。

CLion是JetBrain系列中的C/C++IDE。JetBrain是著名的编程工具商业软件提供商。它提供了支持市面上几乎所有主流编程语言的IDE，比如支持Java的IDEA、支持Python的PyCharm。CLion是以IntelliJ为基础设计的，是C/C++跨平台IDE。JetBrain系列的编译器以优秀的智能提示、代码静态检查等IntelliSense功能著称，可以极大提升编程效率。缺点是运行时比较占用内存，并且需要购买，但是通过教育认证的学生可以免费使用。

CodeBlocks是程序设计竞赛（ICPC/CCPC）常用的IDE，可以安装在Ubuntu系统上，安装简单，占用空间小。跨平台、完全免费、体积小、运行速度较快，非常适合C语言初学者使用；缺点是对于大型项目编译有一些问题。

Dev-C++是蓝桥杯竞赛使用的IDE，安装简单，不占用空间。但它调试能力较弱，稳定性较差，功能较少。目前已停止更新，并且附带的编译器不支持新的语言标准。

在编程时既可以选择使用IDE这种将各项功能整合到一起的环境，也可以使用编译器+代码编辑器+调试器这样各个独立的工具组成工具链进行开发。编程工具的使用很多时候无所谓好坏，要考虑其是否适合当前的工作。

三、编译环境

编译环境指编译代码时使用的编译器及所在的主机系统。要想充分理解这个概念，同学们可以体会下面两个问题。

（1）一个源码在Windows下能编译通过，在其他主机系统下也能通过吗？

如果只使用标准C语言中的一些基础语法进行简单的显示运算操作，只使用C标准库中的内容，那么在各种系统的编译器上进行编译，基本都可以通过。但是如果后期进行系统级编程，不同系统会提供自身特殊的访问网络、进程等系统资源的方式，它们被称为api（application programming interface），并且被封装成C函数库供编程者使用。有一些这样的库函数在不同系统上的用法一致，例如文件的相关操作fopen，fread等。而另一些则是该系统的特有的C编程接口。典型的如在源码中包含windows.h头文件，里面包含的一些有关Windows窗体的函数在Linux环境下就不可用。而Linux系统里包含了unistd.h头文件后，里面创建进程的fork函数在Windows里也是不可用的。即使是相同的头文件stdlib.h，里面的system函数用来执行系统命令的用法也不同。Windows里程序暂停，清屏使用的是system（"pause"）、system（"cls"）；而Linux系统里相应的用法为system（"read"）、system（"clean"）。因此编译时所在的系统及其相应的库环境会对编译产生影响，是编译环境的一部分。

（2）在相同的系统下，同样的C源码用不同的编译器编译有区别吗？

在大多数情况下，对于同样的C源码，不同编译器编译出来的程序绝大部分功能是一致的，但在一些C语言标准没有定义到的实现细节上有所不同，典型的比如初值问题。在局部变量没有显式初始化时，一些编译器给其赋值零，GCC编译器对于这样的局部变量直接给定其开辟的内存中原有数据中的内容。而MSVC在debug时会将这些变量初始化为0xCCCCCCCC。这里提醒大家，要尽量避免这样的未定义行为，因为一旦出现，对程序的运行会产生一些影响。

既然编译器对同一份代码的编译结果大体上是一致的，那么在一个编译上能编译通过的代码，在其他编译器上也可以通过吗？答案是不一定。C语言只是规定了一套语言标准，依据这套语言标准将写成的源码进行编译还依赖于编译器的实现，这也是强调编译环境这个概念的意义。以新入门编程并且使用Visual Studio的同学们经常会遇到的一个问题为例，很多时候在代码中简单使用scanf，gets等输入函数会报以下错误（见图1.4）。

图1.4　函数报错

提示 scanf 等函数不安全，需要换成 scanf_s 函数。很多初学的同学会很困惑：大部分教材都是从 scanf 开始着手介绍的，怎么会用不了呢？scanf 等输入函数是 C 语言的标准输入函数，而加_s 后缀的这些函数是 Visual Studio 的特供版本。那么提示信息中的不安全是指什么呢？由于标准 C 的 scanf 等函数在输入时没有指定输入数据的大小，输入时可能会发生诸如字符串\0被覆盖等越界的风险，而且程序可能会产生缓冲区溢出这样的安全漏洞。使用 VS 提供的 scanf_s，在参数中强调了输入数据的大小，安全性会比 scanf 高很多。但是，这毕竟不是 C 标准库中的函数，也就是说在其他的 IDE 或编译器中对这样的写法是不支持的，在一些计算机 OJ 竞赛或考试环境中也不支持。所以很多时候还需要通过设置 VS 将这样的提示报错关掉。

不同的编译器在编译时的优化、警告、提示信息等方面也有着各种各样的差别。如果同学们以后有机会接触嵌入式开发，有时需要在本地编译生成一些可以在其他平台上运行的代码，也就是交叉编译。此时就更为关注编译代码时所在的编译环境。在实际的生产环境中，为了保证编译环境，有时会专门将一台主机作为编译生成代码的构建机。

## 第二章

CodeBlock 的简单使用

对 C 语言编译过程及一些相关概念有了简单了解之后，就需要实际部署开发环境了。市面上支持 C 语言的 IDE 软件众多，且各有特点，甚至还有一些在线编译器。本书以 CodeBlock 这款软件为例，教会大家快速地安装好软件并着手编程。

这是一款对初学者相对友好的轻量级 IDE，开源免费，安装资源仅需要 100 MiB 左右的空间。可以自带 MinGW 编译器，需要快速编程验证代码时甚至不用建立工程，只需导入源文件就能完成编译运行。同时具有跨平台版本，同学们后期在 Linux 或 Mac 平台编程也可以使用。具备调试、项目管理、高亮语法、多类型工程模板等传统 IDE 功能。使用其他的 IDE 主要功能基本一致，以 CodeBlock 为例，熟练操作后，再面对其他的 IDE 环境也可以快速过渡。

第一节 CodeBlock 环境部署

CodeBlock 的官网下载地址为：http://www.codeblocks.org/downloads/26。

这里，我们选择带编译器的版本，也就是带有 MinGW 字样的版本，具体的版本号可能与图 2.1 不符，选择最新的即可，图 2.1 中是 20.03 MinGW 64 位安装版本。

Windows XP / Vista / 7 / 8.x / 10:		
File	**Date**	**Download from**
codeblocks-20.03-setup.exe	29 Mar 2020	**FossHUB** or **Sourceforge.net**
codeblocks-20.03-setup-nonadmin.exe	29 Mar 2020	**FossHUB** or **Sourceforge.net**
codeblocks-20.03-nosetup.zip	29 Mar 2020	**FossHUB** or **Sourceforge.net**
codeblocks-20.03mingw-setup.exe	29 Mar 2020	**FossHUB** or **Sourceforge.net**
codeblocks-20.03mingw-nosetup.zip	29 Mar 2020	**FossHUB** or **Sourceforge.net**
codeblocks-20.03-32bit-setup.exe	02 Apr 2020	**FossHUB** or **Sourceforge.net**
codeblocks-20.03-32bit-setup-nonadmin.exe	02 Apr 2020	**FossHUB** or **Sourceforge.net**

图 2.1　CodeBlock 安装版本

如果不了解 IDE 和编译器的概念，这里可能会成为很多初学编程的同学落入的第一个陷阱。很多同学可能会有疑惑：为什么下载了一个"编译器"，但是会有不带编译器的版本？实际上，"编译器"只是一个笼统的叫法，我们实际上是在CodeBlock DE下工作的。如果选择了nosetup版本，下载后直接进行编译会报错，需要自行搭配本地安装好的其他编译器供CodeBlock使用。当然，作为初学者，这里还是选择自带MinGW的版本并快速安装好环境，把精力集中到C语言本身上来。后续使用其他编程工具时会尝试单独安装MinGW。

第二节 CodeBlock 编译运行 C 语言代码

一、在 CodeBlock 中新建工程

在打开CodeBlock之前，可以在磁盘上新建一个文件夹作为工作区，所有题目或项目的代码都应集中在这一区域，这是一个十分重要的编程习惯，尽量避免初学的同学陷入编译后找不到源码、搞不清可执行文件在哪的窘境。注意，此时该文件以及文件所在的路径里不能包含中文，否则后续操作可能受到影响。本书示例在F盘下建立文件夹Source，后续在使用CodeBlock编译工程时要注意该文件夹内各类文件的变化。

CodeBlock轻便简洁，可以直接打开一个C语言源文件进行编译。这样做可以应对一些临时状况，但对于组织一个完整的、需要调试的多文件项目来说会存在一些问题。通常使用编译器时，首先要新建工程，组织源文件。打开CodeBlock后，可以在开始界面快捷操作或通过菜单选项"File"→"Project"两种方式新建一个工程。如图2.2所示。

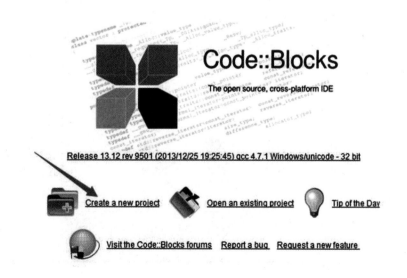

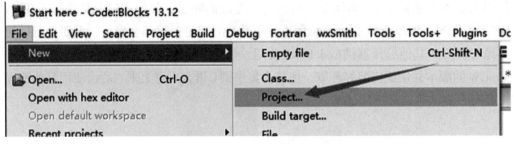

图2.2　CodeBlock 新建工程

之后弹出如图2.3所示的对话框，选择要建立的工程类型，这里选择"Console application"。"Console application"代表所创建的工程是一个控制台应用程序，编译生成的程序运行命令行界面，是初学者经常使用的一种工程类型，与之相对的是图形用户界面（GUI）类型的应用，程序中需要考虑窗体、鼠标点击等事件。其他还有动态链接库、静态链接库等工程类型。注意工程类型决定了项目里初始文件的情况、编译生成的目标应用类型等重要信息，选择错误的话会引起编译错误。

在后续弹出的窗口中填写工程名称及工程所在路径，填写路径之前F盘创建好的文件夹 F:\Source，工程名命名为"HelloWorld"。下面会相应生成一个.cbp文件。

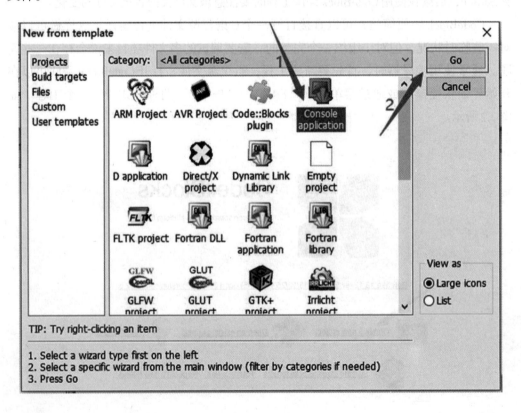

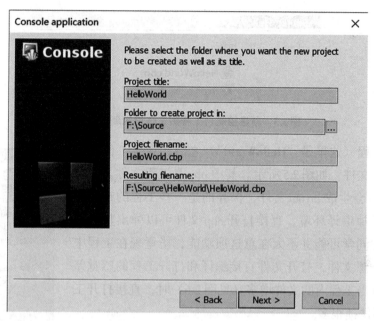

图 2.3　创建 CodeBlock 工程 1

图 2.4 所示窗口显示的是编译该工程使用的具体编译器，默认是 GCC。下面的路径设置了编译后生成的 Debug 版本及 Release 版本的文件路径。通常同学们在练习时使用的是 Debug 版本，生成的可执行文件附带调试信息，而 Release 版本用于正式发布应用时使用，在编译时会使用一些优化选项，感兴趣的同学可以自行搜索相关的内容。

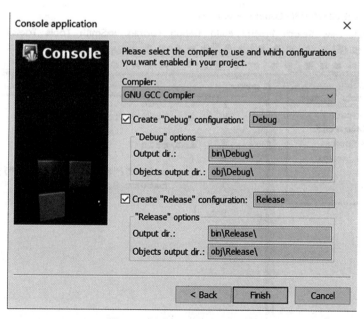

图 2.4　创建 CodeBlock 工程 2

图2.5　新建控制台工程后工作目录新增文件

建立工程（这里是"HelloWorld"）之后，观察工作目录中多了一些文件，如图2.5所示。其中.cbp是工程文件。关掉CodeBlock后会生成.layout文件，保存的是一些工程的布局环境。如果关掉编译环境，直接打开.cbp文件可以弹出整个工程。初学的同学可能并不太在意这项功能，毕竟现在工程中只存在一个源文件，打开文件直接编译和打开工程的感觉差别不大。但当工程内的文件增多（见图2.6）时，直接打开工程就会明显便捷很多。

回到CodeBlock主界面，此时注意左侧"Management"选项卡呈现的树状结构图，它展示了各类编译器组织代码项目的一种常用结构，即最外层的工作空间（Workspace）可以包

图2.6　多文件组织工程

含多个工程，而每个工程内包含了多个项目源文件和其他各类资源。这个概念对于初学者有很大帮助，初始时很多编译运行错误与项目包含的文件以及工程管理相关。初始建立的"HelloWorld"工程中只有一个main.c源文件。如图2.7所示。

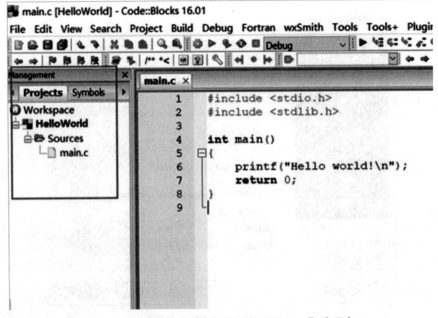

图2.7　"Management"窗口下的"Projects"选项卡

二、编译运行一个简单的C语言程序

建立好工程以后可以首先尝试编译默认源文件，在CodeBlock中，有关编译的基本功能集中在"Build"菜单中。在第一节中介绍过源文件经过编译链接等一系列步骤生成平台支持的可执行代码的流程，同学们只需要点击"Build"按钮就可以完成整个生成可执行文件的过程。

成功执行以后，编译链接过程中生成的信息在"Build log"和"Build messages"两个选项卡里显示，如图2.8所示。这里是后期进行Debug的重要依据。如果Build过程顺利，没有错误，可以看到图2.9中显示的信息。注意Build log里以gcc，g++开头的信息，它们是真正执行的编译指令。

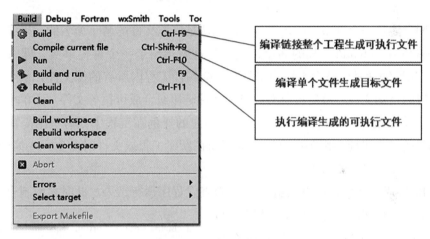

图2.8 Build相关选项

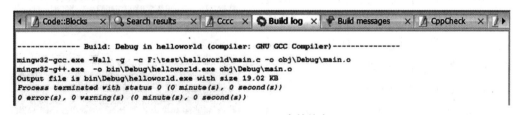

图2.9 Build log内的信息

再次查看之前建立的工作文件夹F:/Source/HelloWorld中多出了些什么内容。进行Build操作之后，工程文件夹里多出了bin和obj两个文件夹，如图2.10所示。这与初始建立工程时图2.4中所设置的路径是一致的。

这里的bin是binary的缩写，除了使用CodeBlock，在很多场景中都会出现用bin命名的文件夹，顾名思义，该文件中一般存放的是各种可执行文件。展开路径可以看到HelloWorld.exe在该位置生成。obj是object的缩写，展开文件内容，里面存放的是一个main.o文件。该文件是尚未经过链接的main.c源码通过编译生成的机器码。甚至可以在工程中不通过源码直接链接一些外部的.o文件，生成最终的工程。

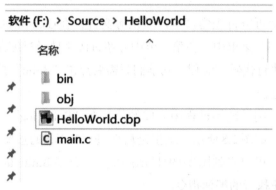

图2.10 工程文件夹内容

请同学注意一个细节，生成的.o文件默认是以源文件的名字命名的，生成的可执行文件是以HelloWorld工程的名字命名的。这就指出了一个重要事实，即每次点击"Build"执行编译是以整个工程为单位的，会编译工程内所有的源文件，每个源文件生成对应的目标文件，最后将所有的目标文件链接组合成可执行文件。而单个源文件也是可以单独编译生成目标文件的。由于新建的样例在工程中只有一个简单的源文件，初学的同学可能会因为忽略这个细节而在新建工程或文件时产生一些编译错误，下一小节会具体讨论该问题。

在Build成功之后，可以点击"run"来查看程序运行结果。此时在控制台返回的是生成的可执行文件的运行结果，如图2.11所示。注意在Hello world! 下的执行成功、执行时间等信息。这里提示，此次运行是利用CodeBlock运行的可执行文件。同学们也可以尝试直接点击HelloWorld.exe，体会两次执行有什么不同。

在未来进行多文件编译大型工程时，有时会需要清理编译产生的中间文件，重新生成工程。此时可以右键单击工程名，

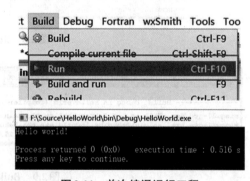

图2.11 首次编译运行工程

点击"Clean"。该操作会删除编译产生的文件。如果想重新编译运行工程，但出现按键全部无法点击的情况，请先确保关闭上一次运行的控制台界面。

三、在工程中添加文件

在成功建立工程运行样例程序后，同学们就可以针对编题库中的题目开始自己的C语言编程之旅了。本节介绍初次尝试使用CodeBlock的同学可能会遇到的一个问题：在完成一道题目之后如何编写一个新题目的源码？是在工程中新建一个源文件继

续编写题目吗？让我们来尝试新建一个源文件。

点击"File"→"New"→"File"菜单，选择好源码类型（见图2.12），默认的路径定位在当前工程所在的路径。新建Problem2.c源文件。这里讨论的都是将源文件归属于某一个工程的情形，所以图2.13下方有关加入当前工程的选项都勾选。选定后的工程内文件结构如图2.14所示。

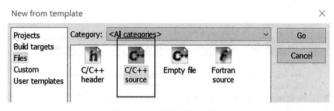

图2.12　选择源码类型

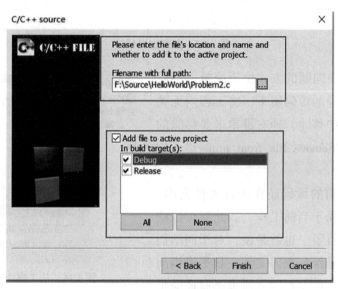

图2.13　在工程中加入文件

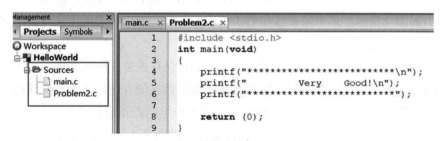

图2.14　当前工程内的文件结构

Problem2.c中是一个简单的打印练习。此时如果想快速地编译并运行它来验证结果，可点击"Build and Run"。Build过程会报错，具体的错误信息在"Build Messages"中体现。图2.15中的错误信息提示我们，这是一个多重定义main函数的错误导致的生成失败。对于由C语言中函数的作用域与名称空间引起的问题，同学们在C语言教材中都会学到。简单来讲，编译器在编译时发现main函数有两个定义，不知道该按照哪个源码进行编译。而Problem2中只定义了一个main函数，为什么会提示多重定义呢？还记得前文介绍的一个概念，在CodeBlock中点击"Build"会把当前工程中所有的源文件都进行编译。除了Problem2.c外，HelloWorld工程还包含初始创建的main.c源文件，里面也有main函数。

File	Line	Message
		▶ Code::Blocks ✕ Search results ✕ Cccc ✕ Build log ✕ **Build messages** ✕ CppCheck ✕ ▶
		=== Build: Debug in HelloWorld (compiler: GNU GCC Compiler) ===
obj\Debug\Pr...		In function `main':
F:\Source\He...	3	multiple definition of `main'
obj\Debug\ma...	5	first defined here
		error: ld returned 1 exit status
		=== Build failed: 3 error(s), 0 warning(s) (0 minute(s), 1 second(s)) ===

图2.15　多重定义报错

因此，解决问题的方式也很简单，可以将当前想要编译的源码留下，将工程内无关的源码从工程中移除。即右键单击要移除的源码，选择"Remove file from project"。如图2.16所示。

此时，之前的源码还在工程文件夹内，只不过不再从属于当前工程。如此就可以顺利编写其他题目了。也就是说，对于同学们来说，重要的是保存源码文件，只不过当前是以一个工程的组织形式完成编译验证结果

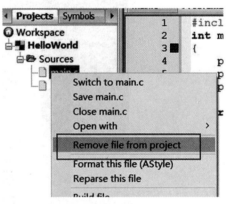

图2.16　从工程中移除文件

的。所以，每次Build前，同学们都要注意工程内的文件结构情况，以免残留多余的文件，引起编译错误。如果需要重命名工程内的文件，可以在关闭该文件显示的情况下右键单击它，选择"rename"。

我们可以再利用一个工程将要编写的编程题目保存成独立的源文件，一个接一个替换到这个工程里进行编译运行。注意，这样做虽然方便管理源文件，但编译生成的可执行文件默认是工程的名字。有时编译过程中产生问题没有生成新的可执行文件，但点击运行还会执行上一次生成的可执行文件，进而产生对源码的改动未生效的问题。下面介绍在Workspace里新建另一个工程的做法。

四、在工作空间中新建工程

在工作文件夹新建另一个工程Problem2，完成后的工作区结构及源码如图2.17所示。

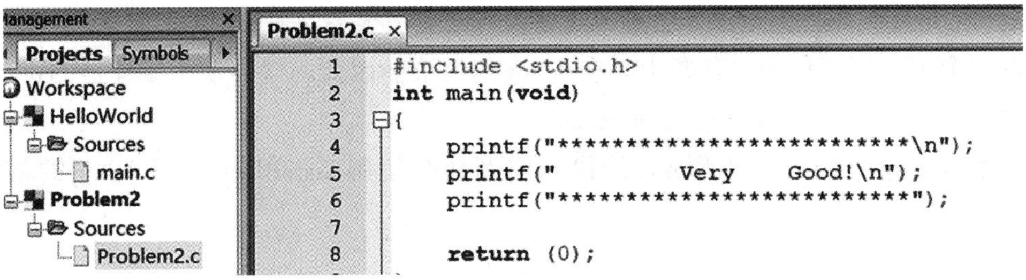

图2.17 在Workspace中新建工程

再次点击"Build and Run",程序可以编译运行成功。这里同样有一个细节需要同学们注意:当新建其他工程完成题目时,如果想重新编辑之前的题目并进行编译验证,仅仅将编辑区域切换回去是不够的。即使正面的编辑区显示的是之前工程内的源码,在执行"Build and Run"时依然选定的是当前处于激活状态的工程,如图2.18所示。这在编写内容差不多的题目或者debug时往往会使初学者产生困惑,因为对源码的编码改动没有反映到运行结果中。所以一定要注意当前编辑的是哪个工程。如果想重新编译以前的工程,可以在 Management 中右键单击工程,选择"Activate Project"激活工程。

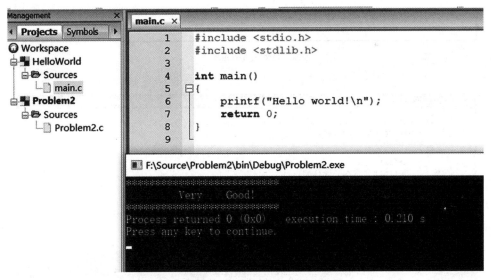

图2.18 编译运行内容与编辑区代码不一致

第三节 CodeBlock 调试

调试(debug)是同学们学习编程后必须要面对的工作。初学编程时,写程序尚不能得心应手,不熟悉语法。各种编译错误可能会使很多人失去耐心,甚至可能会出现花半个小时写好程序,花费半天在debug的情形。因此,学会使用编译器的debug工具,掌握一定的调试技巧是非常必要的。

本节通过一些存在典型bug的代码样例介绍使用CodeBlock进行debug的常用技巧。

一、语法错误调试

让我们从一份充满bug的源码开始学习如何进行debug。将源码circle_wrong.c加入工程内的源码中,尝试编译运行该程序。发现编译错误如图2.19所示。

```
#include<stdio.h>
const double pi=3.1415;
int mian()
{
    float r=0,s=0
    printf("请输入半径:\n");
    scanf("%f",r);
    s=pi*r*r;
    printf("相应的面积为:%. 2f\n",s);
}
```

circle_wrong.c

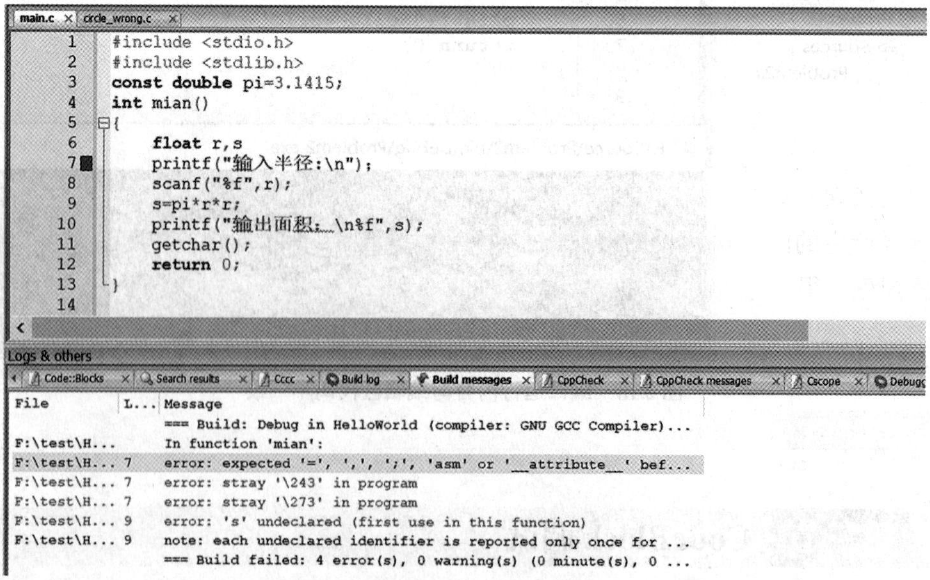

图2.19　circle_wrong编译报错1

在初学者编程过程中经常出现的一类bug为语法错误。该问题的产生是由于编程者对编程语言语法不熟悉，所写代码不符合编程语言规范，进而导致源代码无法编译成目标代码。这是相对容易被发现的bug，因为这些bug一般都可以借助编译器定位发现。随着编程经验的累积，遇到熟悉的错误类型之后会快速解决。这类bug一般的处理顺序如下：

（1）在"Build messages"中查找列表中第一个error的报错信息，后续错误信息有可能是第一条错误引起的，读错误信息。

（2）双击该错误信息，一般会在源码中标注错误位置。但由于语法格式错误，该位置很多时候不能精确定位错误。要在源码前后根据语义具体查找。

（3）一些工程类型、文件类型、链接错误引起的编译错误不会跳转错误位置。可以根据错误日志的提示到互联网上具体查找。

（4）重复上述过程直到编译通过。

样例代码的第一个编程错误显示截止分号缺失，错误位置显示在第7行，但实际是第6行结尾缺失。修改后再次尝试编译。错误结果如图2.20所示。

File	Line	Message
		=== Build: Debug in HelloWorld (compiler: GNU GCC Compiler) ===
F:\Source\He...		In function 'mian':
F:\Source\He...	5	error: stray '\243' in program
F:\Source\He...	5	error: stray '\273' in program
F:\Source\He...	6	error: expected ',' or ';' before 'printf'

图2.20 circle_wrong编译报错2

这里显示的错误类型没有第一次那么易于理解，在该位置发现了一个游离的非法字符。但双击之后可能并没有看出端倪。其实遇到这种一开始不太理解的错误提示信息并不可怕，因为很多错误类型都是经常出现的，弄清楚提示信息的意思，了解错误发生的原理后，再次遇到就不会成为阻碍。如果同学们在编程过程中也发现了图2.20中提示的错误，请注意该行终止分号的颜色，这是由中英文切换中误输入了中文字符的分号产生的问题。一般编译器都有语法高亮提示的功能。如发现异常的不变色的黑色配色，很可能发生了语法错误。

修改成英文字符的分号以后再次尝试编译，结果如图2.21所示。这个提示信息

◀	Code::Blocks ×	🔍 Search results ×	Cccc ×	🗔 Build log ×	❀ Build messages ×	CppCheck ▶
File	Line	Message				
		=== Build: Debug in HelloWorld (compiler: GNU GCC Compiler) ===				
F:\Source\He...		In function 'mian':				
F:\Source\He...	7	warning: format '%f' expects argument of type 'float *', but argument 2 has...				
F:\Source\He...	10	warning: control reaches end of non-void function [-Wreturn-type]				
f:\CodeBlock...		undefined reference to 'WinMain@16'				
		error: ld returned 1 exit status				
		=== Build failed: 2 error(s), 2 warning(s) (0 minute(s), 1 second(s)) ===				

图2.21 circle_wrong编译报错3

对于初学者而言就更奇怪了。如果将错误提示"undefined reference to 'WinMain@16'"输入搜索引擎，就会发现大量的提示。越特殊的提示信息有时候往往越利于得到搜索结果。该错误提示我们作为程序执行入口的main函数的缺失。如果同学们没有发现这个错误，请再仔细看看circle_wrong.c代码中'main'函数有没有问题。

修改后再次点击"Build"，显示的Build提示信息如图2.22所示：

File	Line	Message
		==== Build: Debug in HelloWorld (compiler: GNU GCC Compiler) ====
F:\Source\Hell...		In function 'main':
F:\Source\Hell...	7	warning: format '%f' expects argument of type 'float *', but argument 2 has type 'doub.
F:\Source\Hell...	10	warning: control reaches end of non-void function [-Wreturn-type]
		==== Build finished: 0 error(s), 2 warning(s) (0 minute(s), 1 second(s)) ====

图2.22 circle_wrong 编译警告

可以看到，此时尽管存在warning信息，编译器认为代码中有一些不安全的用法，但并不影响整个工程顺利编译成功。点击"run"，生成的可执行文件顺利运行，但这并不代表这个精简的程序运行无误。

二、程序运行时错误

circle_wrong带有简单的交互，同学们可以在run之后尝试在控制台输入半径值，按照代码的预想应该会输出对应的圆面积，但结果却出现错误。不同系统对此时程序运行崩溃的处理结果不同。有些系统会提示运行错误，而有些系统会直接退出。无论如何，尽管代码成功编译生成可执行文件，但此时仅仅能说明源码中没有影响编译的语法错误，程序仍然会运行崩溃。这就比单纯地改正语法错误稍微困难些，因为编译器既没有指示错误位置，也没有给出明显的错误提示信息。

但这并不意味着无迹可寻，还记得图2.22中提示的warning吗？仔细阅读warning信息就可以发现明显的问题。图2.22中的第一条提示如下：

warning: format'%f' expects argument of type'float *'，but argument 2 has type'double'［-Wformat=］|

它提示我们scanf函数的第二个参数根据第一个参数给出的格式符，需要一个类型为float指针的参数，但所获得的参数类型不符。仔细看代码中scanf的第二个参数，它明显缺失了地址符&。如果同学们已经掌握相对完整的C语言知识，就会十分清楚地了解为什么在C语言中函数通过参数改变变量的值需要传递的是该变量的地址。该错误也是初学C语言输入输出这部分内容时经常遇到的。同时告诉我们一个事实，尽管warning信息不影响编译成功，但在很多情况下它确实提示了使用风险。有些警告可能在现阶段看来确实无伤大雅，比如某个库函数有新版本，不推荐使用现版本，但很多时候遗留warning会存在很大的安全隐患，包括提示内存泄漏、逻辑非法判断等。本样例中的 warning 提示的参数类型不匹配所暴露的问题还不是最严重的，因为程序在运行时每次都会暴露这种错误。而很多 bug 并不会在程序运行时 100% 出现，只会在某些特定逻辑分支下产生。这种隐藏的 bug 往往带来更大的隐患。因此，请同学们对待 warning 时像对待 error 一样，尽管不是强制要求每次都消除 warning，但也请尽量搞清楚 warning 提示的信息内容代表什么。

如果没有直接查找出错误位置，要想借助工具帮助定位也是可以的。此时就需要调试器将程序分段停止，逐步排查问题代码。有关调试器的使用将在下面具体介绍。

三、利用调试器查找程序逻辑错误

在上面的例子中，带有 bug 的程序会在每次运行时出现明显的错误，但更多的时候，当同学们编写程序一段时间熟悉语法后，很多明显的引起程序运行错误的 bug 就很少出现了，取而代之的是程序内在的逻辑错误。这种错误不会影响程序运行，但代码中算法错误的逻辑设计会使得程序运行时得到错误的结果。如果此时编写的程序代码量已经有一定规模，这种错误就很难轻松定位。因此就需要启动编译器自带的调试工具进行跟踪调试，以此定位错误。

需要注意的是，CodeBlock 虽然可以很方便地脱离工程直接编译运行单个源文件，但如果想启动运行调试器功能，请注意以下几点。

（1）调试的目标代码必须从属于一个工程下。

（2）工程以及文件的路径中不能包含中文和空格。

（3）如果以上两点都注意了但调试器还是无法启动，注意提示的报错信息，查看当前下载的 CodeBlock 版本有没有问题，菜单 "Setting" → "Debugger" 里的 "Default" 选项有没有配置正确，如图 2.23 所示，确认实际关联了调试器。

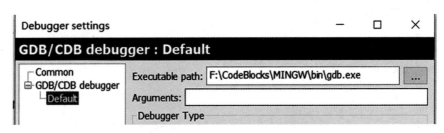

图 2.23　CodeBlock 中的调试器设置

如果当前工程的调试器是可用的，请查看 Debug 菜单中的内容，如图 2.24 所示。如果所有选项都反灰，说明当前调试器不可用。

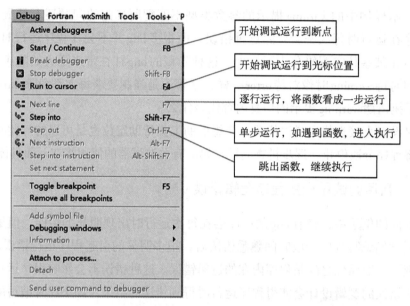

图2.24 调试器相关功能

下面请看下一份debug测试代码if_condition_wrong_v1.c，熟悉一下CodeBlock调试器的使用方法。

```c
#include<stdio.h>
int main(int argc,char* argv[]){
    int a;
    printf("请输入数字:\n");
    scanf("%d",&a);
    if(a=2){
        printf("您输入的数字是2\n");
    }
    else{
        printf("您输入的数字不是2\n");
    }
    return 0;
}
```

if_condition_wrong_v1.c

这是一个简单的判断数字输入的程序。编译运行该程序，两次输入输出对应的结果如图2.25所示。

通过该运行结果，相信同学们已经能够充分理解运行逻辑错误的含义。有编程经验

图2.25 if_condition_wrong_v1运行

的同学已经看出问题所在。现在利用 CodeBlock 的调试器排查代码中的错误。要想启动调试器，点击 "Debug" → "Start/Continue" 选项，会发现整个程序的执行过程和点击 "Run" 没有明显的区别。

调试器最重要的功能在于允许程序在控制下分步执行，可以暂停在某一条语句，观察程序此时的运行状态和变量内容。所以，一般的调试步骤是先在需要测试的代码行前加入断点，调试器在运行时就会首先运行到断点处停止。可以在 if_condition_wrong.c 中第 6 行前 scanf 语句后加入断点，将鼠标光标停留在该行点击 "F5" 或直接单击左侧行号加入断点，然后点击快捷键 "F8" 再次启动。如图 2.26 所示。

图 2.26   设置断点启用调试器

当完成输入以后，断点处出现一个黄色箭头，此时程序运行完第 5 行 scanf 代码，停留在第 6 行等待执行 if 判断。注意此时处于调试状态，如果想要点击控制台的 "关闭" 按钮结束调试是没有反应的。要想结束调试状态，可以选择 "Debug" → "Stop Debugger" 选项或快捷键 "Shift" + "F8"。

由于 bug 存在，输入一个非 2 的整数并不会得到想要的显示结果。很多场景下，在调试时需要查看中间变量的运行结果。比如这里就想确认变量 a 是否确实被赋值为输入的数字。点击 "Debug" → "Debugging windows" → "Watches" 可以打开监视器查看本地变量的运行结果，如图 2.27 所示。可以看到此时自动变量 a 的值为 33，证明到 6 行以前，变量 a 被赋予的值是正确的，之前的代码没有问题。

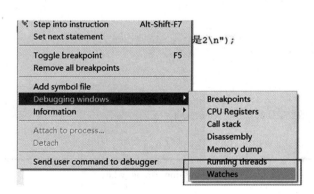

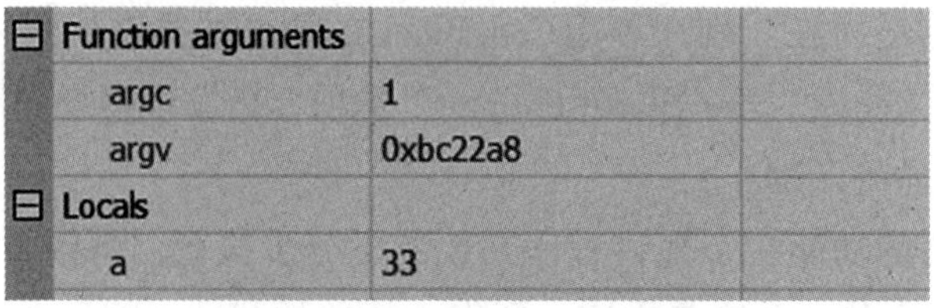

Function arguments	
argc	1
argv	0xbc22a8
Locals	
a	33

图2.27　用监视器查看局部变量

点击"Debug"→"Next line"（快捷键"F7"），程序会继续单步向下执行。进行分支判断以后，箭头继续向下移动，指向下一条待执行的语句。此时就会发现，在a已经确定非2的条件下，程序依然进入了True判断的分支，由此定位了错误位置。仔细观察，if条件判断中的表达式是一个赋值语句，值恒等于2，而不是条件判断a==2。如图2.28所示。

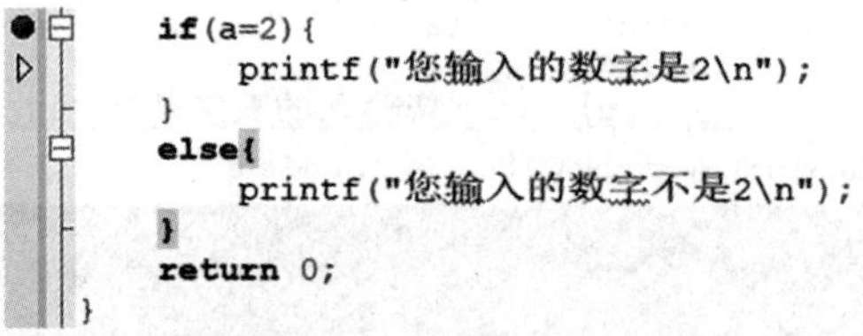

```
if(a=2){
    printf("您输入的数字是2\n");
}
else{
    printf("您输入的数字不是2\n");
}
return 0;
}
```

图2.28　继续单步调试

其实查看Build时的警告信息：

|6|warning: suggest parentheses around assignment used as truth value[−Wparentheses]|

该warning信息已经将条件判断语句中条件恒为true值的情况提示得非常清楚了，这里再次说明关注警告信息的重要性。

关于if引起的bug，下面两种情形也是初学者经常遇到的。尤其是后一种情形，分支判断时互斥的条件如果忘了加else，有时并不影响程序运行；但当分支内的代码改写判断条件时，就可能引起bug，越是隐蔽的bug，隐患往往越大。

```c
#include<stdio.h>
#include<stdlib.h>
int main (int argc, char * argv[])
{
    int i=0;
    printf ("请输入数字");
    scanf ("%d", &i);
    if (i==2)
        i++;
        printf ("您输入的数字是2，加1为%d\n", i);
    return 0;
}
```

if_condition_wrong_v2.c

```
#include<stdio.h>
#include<stdlib.h>
int main(int argc,char * argv[])
{
    int i=0;
    printf("请输入数字");
    scanf("%d",&i);
    if(i==2)
    {
        i++;
        printf("您输入的数字是2,加1为%d\n",i);
    }
    if(i==3)
    {
        i++;

        printf("您输入的数字是3,加1为%d\n",i);
    }
    return 0;
}
```

if_condition_wrong_v3.c

四、条件断点调试循环测试 bug

单步调试进入循环时，要想忽略剩下的循环继续向后面调试，只需要在循环外后面的代码里设置一个断点，点击"Continue"，或将鼠标光标移动到循环外面点击运行即可。

有时在进行断点调试时进入循环，想直接查看循环到某一次之后的结果。如果循环次数较少，可以通过多次点击执行找到预想的位置。但如果想查看1000次循环中的第900次执行的结果呢？此时就可以利用条件断点功能快速让调试器停止在预定的位置。

如下阶乘和的问题：

定义 $Sn=1!+2!+3!+\cdots+n!$，现输入一个n，求对应的Sn
输入：
n
其中n为正整数（n<=20）。
输出：
Sn

给定的源码为factorial_wrong.c。

```
#include<stdio.h>
int main(int argc, char const *argv[])
{
    int n,sum=0,temp=1;
    int i,j;
    scanf("%d",&n);
    for (i = 1; i <= n; i++)
    {
        temp=1;
        for ( j = 1; j <= i; j++)
        {

            temp*=j;
            /* code */
        }
        sum+=temp;
        /* code */
    }
    printf("%d",sum);

    return 0;
}
```

factorial_wrong.c

如果编译运行该源码会发现，当输入n，取值为一定范围的小整数时，结果是正确的。但在输入一些稍大的数（比如13）时，结果就显然错误了（见图2.29）。

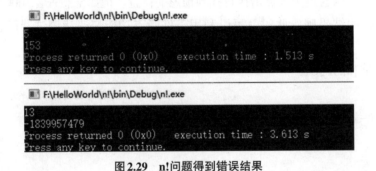

图2.29　n!问题得到错误结果

问题出在哪里了呢？如果想利用调试查找问题，显然需要使调试器在i循环到输入范围内比较大的值时停止，因为最初的几次循环结果是正确的。现在在第12行位置插入断点，并且希望在调试器运行到i循环至12，j循环至10时于断点停止。如图2.30所示。

```
 8              {
 9                      temp=1;
10                      for ( j = 1; j <= i; j++)
11                      {
12                          temp*=j;
13                                   de */
14
```

图 **2.30** 编辑断点

右键点击断点，选中"Edit breakpoint"项，弹出的界面如图 2.31 所示。

图 **2.31** 设置条件断点

"Ignore count before break"选项的意思是在停止前忽略多少次循环，也可以达到预期的效果。而下面的选项可以根据设定的条件让调试器停止，更为直观一些。输入图 2.31 所示的条件后，启动调试器。程序直接停止在满足条件设定的断点处（图 2.32），注意变量 i 和 j 的值，此时程序还没有发现明显问题。

```
 7      for (i = 1; i <= n; i++)
 8      {
 9          temp=1;
10          for ( j = 1; j <= i; j++)
11          {
12              temp*=j;
13                  /* code */
14          }
15          sum+=temp;
16              /* code */
17      }
18      printf("%d",sum);
19
20      return 0;
21  }
```

Watches (new)	x
Function arguments	
argc	1
argv	0xb522a0
Locals	
n	20
sum	43954713
temp	362880
i	12
j	10

图 **2.32** 运行至条件断点停止

如果想快速走完循环直接运行之后的代码，可以在循环外加入一个断点，比如在 15 行求和之前。之后点击"F8"启动调试按钮，同时也是继续按钮。调试器会在下一个断点处停止，从而达到跳出循环的效果。如图 2.33 所示。注意该断点是在调试过程中添加的，如果一开始就在 15 行添加断点，它就会像普通断点一样在 i 等于 1 时就停止。

```
 6      scanf("%d",&n);
 7      for (i = 1; i <= n; i++)
 8      {
 9          temp=1;
10          for ( j = 1; j <= i; j++)
11          {
12              temp*=j;
13              /* code */
14          }
15          sum+=temp;
16          /* code */
17      }
18      printf("%d",sum);
19
20      return 0;
21  }
```

Watches (new)	
Function arguments	
argc	1
argv	0xbe22a0
Locals	
n	20
sum	-1839957479
temp	1278945280
i	14

图2.33　继续运行跳出循环

再次点击"continue"发现问题，在i等于14这一轮相加后，sum值为负数。这就涉及数值越界的问题。请同学们想一想，一般情况下int数据类型的取值范围是多少？如何解决该bug？该程序中还有没有其他类似的问题？这里为了演示条件断点的作用，忽略了算法的性能问题，请同学们想一想，在阶乘和问题中，每一项的阶乘值是否需要从1开始重新计算呢？双层循环是否必需呢？

五、利用调试器单步调试子函数

下面简单演示利用调试器可以进入子函数进行调试的情形，将（编码circle_wrong.c）计算圆形面积的程序用函数改写一下，源码circle_with_funciton.c如下：

```c
#include <stdio.h>
#include <stdlib.h>
const double pi=3.1415;
void area (float, float);
int main ()
{
    float r, s;
    printf ("请输入半径: \n");
    scanf ("%f", &r);
    area (r, s);
    printf ("面积: \n%f", s);
    return 0;
}
void area (float r, float s){
    s=pi*r*r;
}
```

circle_with_funciton.c

将光标停留在调用函数area的指令之前，点击"Debug"→"Run to Cursor"，会启动调试器，控制台给出输入以后程序会在光标前停止。如图2.34所示。

```
1   #include <stdio.h>
2   #include <stdlib.h>
3   const double pi=3.1415;
4   void area(float,float);
5   int main()
6  ⊟{
7       float r,s;
8       printf("请输入半径:\n");
9       scanf("%f",&r);
10▷     area(r,s);
11      printf("面积:\n%f",s);
12      return 0;
13   }
14 ⊟void area(float r,float s){
15      s=pi*r*r;
16   }
```

图 2.34 运行至光标处停止

如果此时按动"F7"(Next line),调试器会直接略过函数的执行过程,停留在下一行的 printf 前,此时可以看到保存面积值的变量 s 为 0,如果继续输出会产生错误的计算结果。此时,需要进入子函数内进行调试。

```
6  ⊟{
7       float r,s;                    Watches (new)
8       printf("请输入半径:\n");
9       scanf("%f",&r);                  Function a
10      area(r,s);                    ⊟ Locals
11▷     printf("面积:\n%f",s);            r    2
12      return 0;                        s    0
13   }
```

图 2.35 实参传递不改变外部变量的值

重新运行调试器到调用 area 前停止,点击"Step in/out"("Shift"-"F7"),下一步会进入子函数内停止。在执行完面积运算后变量 s 确实是经过计算后的值,如果想略过当前函数剩余代码,可以再次点击"Step in/out",继续执行后返回主函数会发现 s 又变成了 0。此时发现这是一个形参和实参混淆的问题,主函数中的变量 s 和子函数的同名变量 s 除了名称一样以外,其实毫不相关,对此,初学 C 语言的同学需要注意。

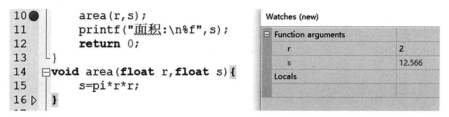

图 2.36 点击"Step in/out"进入子函数

这个小程序声明了一个全局常量 PI,但 Watches 视图里没有主动显示,默认它只显示每个函数内的局部变量,可以在下方空白处手动添加该值查看。右键点击它可以看到有为此值配置断点、重命名、删除等操作。

六、监视窗口查看数组

利用CodeBlock的调试器查看运行程序中的数组内容是调试程序中的常见需求，请同学们尝试编译运行以下程序。

```c
#include <stdio.h>
#include <stdlib.h>
#include <time.h>
void BubbleSort(int a[],int len);
int main() {
    int a[10]={1,2,3,4,5,6,7,8,9,0};
    printf("Array before bubble sort: \n");
    for(int i=0;i<10;i++){
        printf("%d",a[i]);
    }
    printf("\n");
    BubbleSort(a,10);
    printf("Array after bubble sort: \n");
    for(int i=0;i<10;i++){
        printf("%d",a[i]);
    }
    return 0;
}


void BubbleSort(int a[],int len)
{
    int i,j;
    int temp;
    for(i=1;i<len-1;i++)
        for(j=0;j<len-i;j++)
        {
        if(a[j]>a[j+1])
        {
            temp=a[j];
            a[j]=a[j+1];
            a[j+1]=temp;
        }
        }
}
```

bubble_sort_wrong.c

这里列出了很多同学初次写冒泡排序时会产生的一个隐蔽的bug。同学们如果改用其他待排序的序列，那么bubble_sort_wrong.c中的代码就能很好地完成排序工作。但如果对bubble_sort_wrong.c中给定的序列排序，其结果如图2.37所示。

```
Array before bubble sort:
1 2 3 4 5 6 7 8 9 0
Array after bubble sort:
1 0 2 3 4 5 6 7 8 9
```

图2.37　bubble_sort_wrong 执行结果

最终的排序结果差了一个逆序没有消除，在循环内设置断点，打开调试器开始排查错误。如图2.38所示。

Watches		
Function argument		
a	0x61fdf0	
len	10	
Locals		
i	1	
j	0	
temp	0	

```
19
20    void BubbleSort(int a[], int len)
21    {
22        int i, j;
23        int temp;
24        for(i=1;i<len-1;i++)
25            for(j=0;j<len-i;j++)
26            {
27                if(a[j]>a[j+1])
28                {
29                    temp=a[j];
30                    a[j]=a[j+1];
31                    a[j+1]=temp;
32                }
33            }
34    }
35
```

图2.38　调试数组1

在监视窗口中，形参a指向待排序的数组，但是它本身显示的只是地址，数组内部的情况默认无法看到。此时可以像监视全局变量一样，在监视窗口下重新输入a，并且右键点击选择"properties"。如图2.39所示。

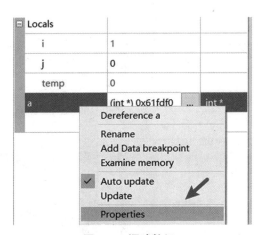

图2.39　调试数组2

在弹出的对话框中按照图2.40所示勾选"Watch as array"，设置相应数值。

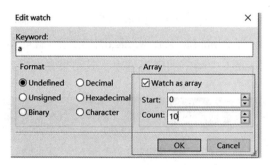

图2.40　调试数组3

展开a后就可以查看数组的内容了，如图2.41所示。

图2.41　调试数组4　　　　　　　　**图2.42　调试数组5**

设置条件断点如下：执行到最后一次外层循环暂停开始调试。如图2.42所示。

此时当j=1时进入最后一次循环，最后一次消除了逆序a[1]和a[2]，留下了a[0]和a[1]。也就是说，只要序列中倒数第二小的元素开始时被排布在最后，就会产生此bug。如图2.43所示。

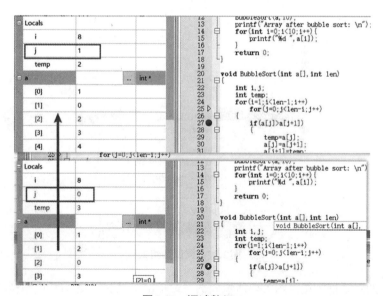

图2.43　调试数组6

此时反映出冒泡排序的循环边界设置出了问题，请同学们自行思考如何将这个 bug 修复。

七、调试带参数的程序

有时程序设计成在命令行里读取参数来运行。如下面简单的代码希望在运行时通过参数输入要读取的配置文件 students.data。

```c
#include<stdio.h>
#include<stdlib.h>
int main(int argc,char * argv[])
{
    if（argc>=2）
    {
        FILE * fp=NULL;
        if（(fp=fopen(argv[1],"r"))==NULL）
        {
            printf("Error File\n");
            exit(1);
        }
        else
        {
            //读取配置文件信息
        }
    }
    return 0;
}
```

read_file_from_args.c

在 CodeBlock 里要想调试带参数的程序，只需要选择菜单"Project"→"Set programs' arguments"。如图 2.44 所示。

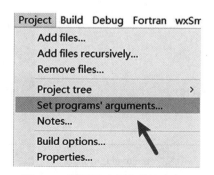

图 2.44 设置调试程序读取参数 1

在打开的对话框中将要输入的参数填入指定位置即可。如图 2.45 所示。

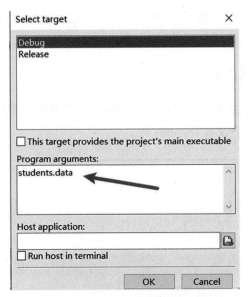

图2.45　设置调试程序读取参数2

八、查看函数调用栈 Call stack

同学们在编写递归调用时，有时会遇到边界条件没设置好导致程序崩溃的情况。请看下面的经典题目，利用递归求解n=10的斐波那契数列。

```c
#include<stdio.h>
#include<stdlib.h>
int fibo(int index)
{
    if(index==0)
        return 1;
    if(index==2)
        return 1;
    return fibo(index-1)+fibo(index-2);
}
int main(int argc,char * argv[])
{

    printf("fibo(10) : %d",fibo(10));
    return 0;
}
```

recursion_wrong.c

运行以后程序崩溃。直接进入调试状态，在"Debug"→"Debugging windows"里找到"Call stack"窗口。如图2.46所示。

图 2.46　查看 Call stack　1

可以看到递归调用的参数 index 已经远远超出了规定的下限，程序栈已经溢出崩溃。如图 2.47 所示。

Nr	Address	Function	File
0	0x401583	fibo(index=-32495)	E:\Source\c_practice\recursion
1	0x401588	fibo(index=-32494)	E:\Source\c_practice\recursion
2	0x401588	fibo(index=-32493)	E:\Source\c_practice\recursion
3	0x401588	fibo(index=-32492)	E:\Source\c_practice\recursion
4	0x401588	fibo(index=-32491)	E:\Source\c_practice\recursion
5	0x401588	fibo(index=-32490)	E:\Source\c_practice\recursion
6	0x401588	fibo(index=-32489)	E:\Source\c_practice\recursion

图 2.47　查看 Call stack　2

如果在 fibo 函数的 return 语句前打上断点，逐步 continue，函数调用栈如图 2.48 所示。其中，Function 里是调用的函数，Address 里存放的是下层调用函数返回的位置。可以看到，当 index 为 3 时，fibo(2) 已经返回，而 fibo(1) 没有返回，继续向下调用，出现 index 为负数的情况，从而定位递归函数的 bug。

Nr	Address	Function	File
0		fibo (index=-2)	E:\Source\c_practice\
1	0x401588	fibo(index=-1)	E:\Source\c_practice\
2	0x401597	fibo(index=1)	E:\Source\c_practice\
3	0x401597	fibo(index=3)	E:\Source\c_practice\
4	0x401588	fibo(index=4)	E:\Source\c_practice\
5	0x401588	fibo(index=5)	E:\Source\c_practice\
6	0x401588	fibo(index=6)	E:\Source\c_practice\
7	0x401588	fibo(index=7)	E:\Source\c_practice\

图 2.48　查看 Call stack　3

这里的 Call stack 更常用于查看程序运行时的函数调用关系，后调用的函数在栈的最上面，点击某一个栈内的函数后，编辑区会跳转到该函数的调用位置。如果初学者对程序内存的运行情况不了解，不知道函数调用堆栈是什么，可以查看布莱恩特的《深入理解计算机系统》中相关章节的内容。

九、添加编译选项帮助提示错误

在对前面给出的几种bug进行调试时，同学们可能也感受到了，相对于运行起来明显可以观察到出错的bug，那些只在特定情形下才会触发的或者崩溃后不明显提示错误的bug更加难以捕捉。比如在计算阶乘和时用int类型变量存储超限数据时，竟然没有报错。这里介绍两个非常有用的编译选项，帮助同学们debug。

-ftrapv

在程序运行时如果出现整数溢出的现象，程序会停止并退出。

-fsanitize=address

程序在数组越界或递归层数过深时报错。

在CodeBlock中，点击菜单选项"Setting"→"Compiler"，在"Other compiler options"里添加其他的编译选项，如图2.49所示。添加以后，同学们可以再次运行第二章第三节中的bug代码，看看加入这两个编译选项以后程序运行的结果有何不同。

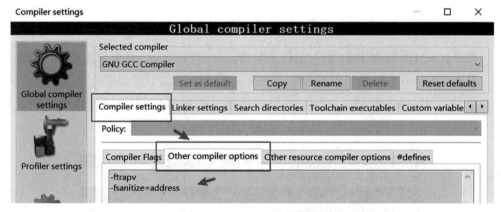

图2.49　添加额外编译选项

第四节　多文件组织工程

初学C语言的很多同学往往都是从搭建一个与文件交互的管理系统来开始使用多文件构建一个完整工程的。下面以一个简易的学生管理系统为例描述在CodeBlock中构建多文件工程的过程，了解使用IDE查看多文件工程的一些技巧。

一、搭建学生管理系统框架

如果同学们第一次脱离算法题目，面对一个功能稍微复杂的项目要求一时无从下手，可以先尝试用伪代码或简单定义空函数的方式搭建整体结构，之后逐步完成整个工程。这里首先在工程中添加自定义头文件设计一些数据类型。新建控制台工程 stu_manage，在工程源码所在处新建头文件 stu.h。结果如图 2.50 所示。

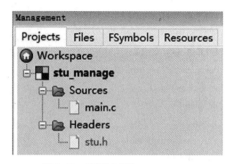

图 2.50　新建工程 stu_manage

图 2.50 里的 Headers 和 Sources 只是逻辑上的分类，在实际的路径中并不存在这两个文件夹。在 stu.h 里定义一些数据类型：

```
#ifndef STU_H_INCLUDED
#define STU_H_INCLUDED
enum _sex{
    BOY,
    GIRL
};
typedef struct _student{
    char name[20];
    int num;
    int age;
    int score;
    enum _sex sex;
} STU;
typedef struct _stu_node{
    STU student;
    struct _stu_node * pnext;
} STU_NODE;
extern STU_NODE * pStu;
extern FILE * fp ;
extern const char * sexArray[2];
#endif // STU_H_INCLUDED
```

stu.h

在 stu.h 中，定义了学生的结构体类型，并且使用了枚举类型用于在程序中标记性别这类有固定取址的数据。学生数据在内存中采用链表的形式存储，同时包含一些全局变量的引用声明。其中 pStu 为所有学生数据的链表头指针。

main.c 文件中写入的是整个小程序的整体执行流程。第一个版本如下：

```
#include <stdio.h>
#include <stdlib.h>
#include <string.h>
#include <conio.h>
#include "stu.h"
STU_NODE * pStu=NULL;
FILE * fp = NULL;
const char * sexArray[2]= {"男","女"};
void ShowMenu();
int main()
{
    char selectFunc;
    while(1){
        ShowMenu();
        selectFunc=getch();
        switch(selectFunc)
        {
        case '1':
            //InputStudent();
            break;
        case '2':
            //PrintAllStu();
            break;
        case '3':
            //SaveStu();
            break;
#include <stdio.h>
#include <stdlib.h>
#include <string.h>
#include <conio.h>
#include "stu.h"

STU_NODE * pStu=NULL;
FILE * fp = NULL;
const char * sexArray[2]= {"男","女"};
void ShowMenu();
int main()
{
    char selectFunc;
    while(1)
    {
        ShowMenu();
        selectFunc=getch();
        switch(selectFunc)
        {
```

```
            case '1':
                //InputStudent();
                break;
            case '2':
                //PrintAllStu();
                break;
            case '3':
                //SaveStu();
                break;
            case '4':
                //ReadStu();
                break;
            case '5':
                //CountStu();
                break;
            case '6':
                //FindStu();
                break;
            case '7':
                //ModifyStu();
                break;
            case '8':
                //DelStu();
                break;
            case '0':
                printf("Exit\n");
                break;
            default:
                printf("Bad input try again\n");
                break;
        }
        if(selectFunc=='0')
            break;
        system("pause");
        system("cls");
    }
    return 0;
}
void ShowMenu()
{
    printf("\tWelcome stu sys\t\n");
    printf("\tplease select function\t\n");
    printf("\t1.input student\t\n");
    printf("\t2.print student\t\n");
    printf("\t3.save student\t\n");
```

```
        printf("\t4.Read  student\t\n");
        printf("\t5.Show num of student\t\n");
        printf("\t6.find  student\t\n");
        printf("\t7.Modify  student\t\n");
        printf("\t8.Delete student(use num)\t\n");
        printf("\t0.Exit\t\n");

}
#include <stdio.h>
#include <stdlib.h>
#include <string.h>
#include <conio.h>
#include "stu.h"

STU_NODE * pStu=NULL;
FILE * fp = NULL;
const char * sexArray[2]= {"男","女"};
void ShowMenu();

int main()
{
    char selectFunc;
    while(1)
    {
        ShowMenu();
        selectFunc=getch();
        switch(selectFunc)
        {
        case '1':
            //InputStudent();
            break;
        case '2':
            //PrintAllStu();
            break;
        case '3':
            //SaveStu();
            break;
```

main_v1.c

main.c 的第一个版本主要实现的是循环菜单显示、交互功能选择、定义全局变量等一般小项目中的常规功能。把菜单显示封装在一个实际函数中，其中具体的分项功能只写了待完成的函数名字并注释，后续根据需要再增减完善。目前只列出了常规的增删改查等，同学们可以按照自己的想法增加其他功能内容。

此时可以编译运行，试一下运行效果，排查一些简单的 bug。在后续完成整个项目的过程中可以持续采用这样的方式：在完成分项子功能后就尝试编译验证效果，解决一些 bug；而不是一起编写很多功能，最后再编译运行。不同功能间的 bug 相互影响，会为定位 bug 原因增加难度。

二、录入并显示学生信息

1. 录入及显示学生信息函数第一版

接下来需要编写录入学生的函数，毕竟这是所有功能的开始。这里把有关学生信息的一系列操作函数的定义另起一个源文件 stu.c 存放。

```c
#include <stdio.h>
#include <stdlib.h>
#include <string.h>
#include <conio.h>
#include "stu.h"
void InputStudent()
{
    STU_NODE * newStu=(STU_NODE *)malloc(sizeof(STU_NODE));
    newStu->pnext=NULL;

    /*录入学生信息*/
    printf("Please input name:\n");
    gets(newStu->student.name);
    printf("Please input age:\n");
    scanf("%d",&newStu->student.age);
    printf("Please input num:\n");
    scanf("%d",&newStu->student.num);
    printf("Please input score:\n");
    scanf("%d",&newStu->student.score);
    printf("Please input sex(m to male f to female):\n");
    fflush(stdin);
    char sex=getchar();
    (sex=='m')?(newStu->student.sex=BOY):(newStu->student.sex=GIRL);
    /*插入节点*/
    if(pStu==NULL)
    {
        pStu=newStu;
    }

    else
    {
        newStu->pnext=pStu;
```

```
        pStu=newStu；
    }
    printf("Input  sucess\n")；


}
void  PrintAllStu( )
{
    system("cls")；
    printf("\t姓名 \t学号 \t年龄 \t性别 \t成绩\n")；
    STU_NODE  *  oneStu=pStu；
    while(oneStu！=NULL)
    {
        printf("\t%s\t%d\t%d\t%s\t%d\n"，
            oneStu->student.name，
            oneStu->student.num，
            oneStu->student.age，
            sexArray[oneStu->student.sex]，
            oneStu->student.score)；
        oneStu=oneStu->pnext；
    }
}
```

stu_1.c

此时，在 stu.c 文件中加入了定义数据类型的自定义头文件 stu.h，并且定义了 PrintStu 和 InputStu 两个函数。这里使用了动态内存分配新的学生信息的节点，采用头插法加入链表。当然，在 main.c 中跨文件使用这些函数需要在头文件中包含这两个函数的声明。此时可以编译运行该程序，在没有语法错误的情况下，尝试录入一个学生信息并显示，结果如图 2.51 所示。

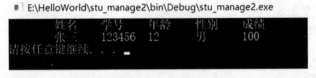

图 2.51　编译运行 stu_manage.exe

2. 调试中查看结构体指针内容

至此该程序似乎没有什么问题，但遗憾的是，如果同学们完美复刻了本章第四节 stu_1.c 的代码，一个明显的逻辑错误就会显现。如果在输入一名学生的信息之后想要输入另一名学生的信息，会出现一个明显的 bug。如图 2.52 所示。

```
Welcome stu sys
please select function
1. input student
2. print student
3. save student
4. Read student
5. Show num of student
6. find student
7. Modify student
8. Delete student(use num)
0. Exit
Please input name:
Please input age:

12
Please input num:
123457
Please input score:
100
Please input sex(m to male f to female):
f
Input sucess
请按任意键继续. . . ._
```

图2.52　第二次输入学生信息时出现bug

程序跳过了输入第二名学生name的环节，有经验的同学可能第一时间反应出这是输入流的问题。借用这个bug来描述使用CodeBlock查看结构体指针的情况。在可能出问题的代码处设置断点，如图2.53所示。

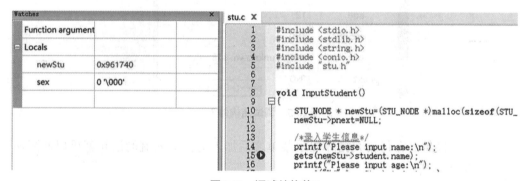

图2.53　调试结构体1

第一次输入没有问题，点击"continue"，选择功能1再次输入。点击"next line"，发现没有输入name的机会，直接进入下一行。此时的Watches监视器中，变量newStu在Locals里始终显示的是其指向的地址值，但是我们现在更关心的是它指向的地址里的内容是什么，新节点里此时的name里到底存了什么内容。

要想在Watches里查看结构体指针的内容，可以像查看全局变量一样在最下面的空行里输入变量的名字。之后右键单击该变量，选择"Dereference"选项。如图2.54所示。

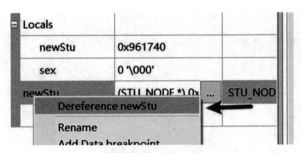

图2.54　调试结构体2

此时就可以查看指针所指向的结构体的内容，发现name项的第一个字节为′\0′。由此定位bug原因，当第1轮输入结束以后输入流中还有′\n′。getch（）这个非标准库输入函数会从控制台读取输入字符，不需要回车也不在控制台显示。再次进入子功能1之后，输入流中残余回车直接导致跳过了name的输入。如图2.55所示。

□ *newStu		...	STU_NOD
□ student			
name	"\000瓻\2\r瓻\272\		
[1]	<incomplete sequenc		
num	123457		
age	12		
score	100		
sex	(GIRL	unknown: 3131		
pnext	0x0		

pnext=0x0

图2.55　调试结构体3

所以，只需要在每次大循环展示菜单之后加入清空输入流的语句就可以修复该bug，如图2.56所示。

```
char selectFunc;
while(1)
{
    ShowMenu();
    fflush(stdin);
    selectFunc=getch();
    switch(selectFunc)
    {
    case '1':
```

图2.56　调试结构体4

3. 改进InputStudent函数

在编写其他子功能模块之前，可以尝试将InputStudent函数内可能被其他函数复用到的代码段做进一步封装。改进后的stu.c函数如下。

```c
#include <stdio.h>
#include <stdlib.h>
#include <string.h>
#include <conio.h>
#include "stu.h"
#include"op_linker.h"
static void InputStuinfo(STU_NODE * oneStu)
{
    if(oneStu)
    {
        printf("Please input name:\n");
        gets(oneStu->student.name);
        scanf("%d",&oneStu->student.age);
        printf("Please input num:\n");
        scanf("%d",&oneStu->student.num);
        printf("Please input score:\n");
        scanf("%d",&oneStu->student.score);
        printf("Please input sex(m to male f to female):\n");
        fflush(stdin);
        char sex=getchar();
        (sex=='m')?(oneStu->student.sex=BOY):(oneStu->student.sex=GIRL);
    }
    else
    {
        printf("Stu node error\n");
    }
}
        printf("Please input age:\n");

void InputStudent()
{
    STU_NODE * newStu=(STU_NODE *)malloc(sizeof(STU_NODE));
    newStu->pnext=NULL;
    /*录入学生信息*/
    InputStuinfo(newStu);
    /*插入节点*/
    InsertLinker(newStu);
    printf("Input sucess\n");
}
//代码其他部分同stu_1.c,省略
```

stu_2.c

将插入节点的功能和录入单个学生信息的功能封装成两个函数，对功能进一步分类，有关对链表的操作可以单独放在一个文件（op_linker.c）里。

```
#include <stdio.h>
#include <stdlib.h>
#include <string.h>
#include <conio.h>
#include "stu.h"
void InsertLinker(STU_NODE * newStu)
{
    if(pStu==NULL)
    {
        pStu=newStu;
    }
    else
    {
        newStu->pnext=pStu;
        pStu=newStu;
    }
}
```

op_linker.c

对应存放这些函数声明的头文件为op_linker.h，在stu.c中加入，后续从文件中读取存储的学生信息到内存中时可能会用到。而对于InputStuInfo这个函数，可以考虑将其定义成stu.c一个静态函数，供后续修改学生信息的子功能使用。

此时工程内的文件结构如图2.57所示。

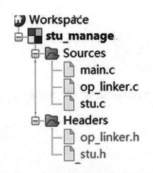

图2.57 stu_manage工程内的文件

4. 在代码中批量替换

在将原来的代码封装的过程中，可能会遇到需要将这段代码中所有的newStu替换成oneStu的需求，大量修改变量名的需求在多文件稍大的任务中较为常见。如果想将目标范围内代码中的变量newStu全部替换成变量oneStu，可以在选中目标代码区域后按住"Ctrl"+"R"键，在弹出的"Replace"里可以具体设置替换文本、大小写匹配、替换范围等选项。如图2.58所示。

Replace
Replace
Replace in files
Text to search for:
newStu
Replace with:
oneStu
Options
Limit to:
Whole word
Start word
Start file
Match case
Regular expression
Auto-wrap at EOF
Multi-line search
Make EOLs consistent before search
Scope
Global
Selected text
Origin
From cursor
Beginning of file
Direction
Up
Down
Replace
Cancel

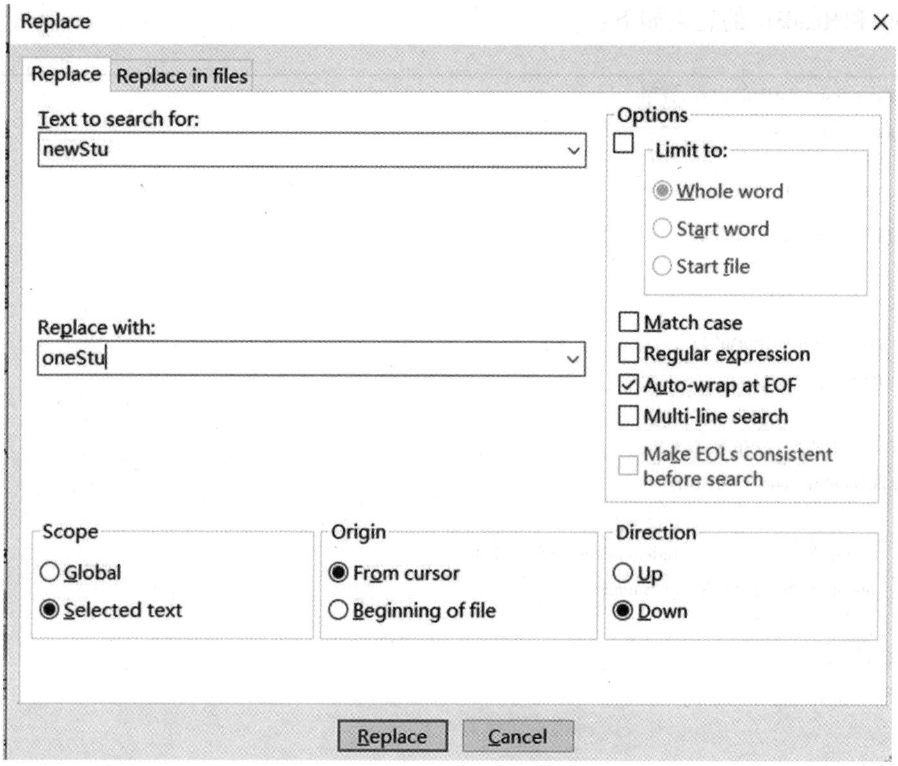

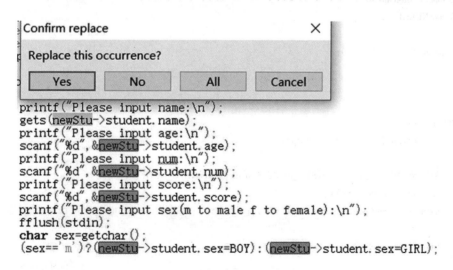

图 2.58　替换选项

确定后会高亮要替换的内容，点击确认后全部替换。如图 2.59 所示。

Confirm replace
Replace this occurrence?
Yes
No
All
Cancel
printf("Please input name:\n");
gets(newStu->student.name);
printf("Please input age:\n");
scanf("%d",&newStu->student.age);
printf("Please input num:\n");
scanf("%d",&newStu->student.num);
printf("Please input score:\n");
scanf("%d",&newStu->student.score);
printf("Please input sex(m to male f to female):\n");
fflush(stdin);
char sex=getchar();
(sex=='m')?(newStu->student.sex=BOY):(newStu->student.sex=GIRL);

图 2.59　批量替换所有关键字

三、多文件工程查看技巧

继续完成存储学生信息到文件及从文件中读取学生信息的功能。在 stu.c 中添加

SaveStu 和 ReadStu 的定义如下：

```
//其他代码同stu_2.c中的内容,省略
void SaveStu()
{

    FILE * fp=fopen("stu.data","w");
    if(fp==NULL)
    {
        printf("File Error\n");
        return;
    }
    STU_NODE * oneStuNode=pStu;
    while(oneStuNode! =NULL)
    {
        fwrite(&oneStuNode->student,sizeof(STU),1,fp);
        oneStuNode=oneStuNode->pnext;
    }
    printf("Save sucessful\n");
    fclose(fp);
}

void ReadStu()
{
    fp=fopen("stu.data","r");
    if(fp==NULL)
    {
        printf("File ERROR\n");
        return;
    }

    STU oneStu;
    while(fread(&oneStu,sizeof(STU),1,fp))
    {
        STU_NODE * oneStuNode=(STU_NODE *)malloc(sizeof(STU_NODE));
        oneStuNode->pnext=NULL;
        memcpy(oneStuNode,&oneStu,sizeof(STU));

        InsertLinker(oneStuNode);
    }
    printf("Get Stuinfo sucessful\n");
    fclose(fp);

}
```

stu_3.c

在向文件中存储数据时要注意存储的数据类型是链表节点的数据部分，不要将整个STU_NODE存入文件。成功保存后打开工程中的stu.data文件，如图2.60所示。

图2.60　写入stu.data后查看其中内容

如果一时没反应过来，觉得对存入的东西很困惑的同学请注意，这里直接将内存中的数据写入文件中保存。只有按照文本字符串格式存入的数据才可以被编辑器解析。

从文件中读取数据时和写入保持一致，每次读取一个STU类型，再将其通过memcpy写入新建的链表节点的数据部分。编译运行验证无误后，该学生管理系统的雏形基本形成。

1. 查看函数信息

下面以这个有一定代码量的工程为例，介绍一些IDE在面对一个较为完整的多文件工程时的一些使用技巧。

将鼠标悬停在函数名或数据类型的名字上，或者将鼠标停留在参数内，点击"Ctrl"＋"Shift"＋"Space"，会显示其简要的声明信息。如图2.61所示。

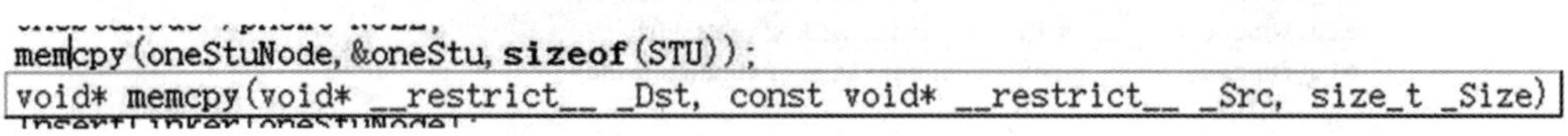

图2.61　鼠标悬停显示函数原型

这在使用一些标准库或其他自定义库的函数时很有用，它可以提示每个位置参数的类型和意义。如由memcpy这个函数的提示信息就可以看出，第一个参数名_Dst为Destination的缩写，是要复制数据的目标地址。第二个参数_Src为source的缩写，是数据源地址；const关键字在这里体现了它的一种常见用法，用来说明该指针指向的数据在函数内不可修改。第三个参数为要复制的字节数。只要大概知道memcpy的作用，就可以根据提示来使用。restrict关键字用来提示编译器编译时的优化行为，感兴趣的同学可以自行搜索它的作用。

如果想查看函数的调用关系，可以在调试时设置断点，利用Call stack监视窗口查看函数调用栈。如果希望在非调试的编辑状态下查看函数具体信息，可以进行如下操作。

右键点击一个函数，会产生如图2.62所示的提示。

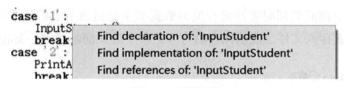

图2.62 查看函数

（1）跳转声明（find declaration of）。通常会跳转到声明该函数或数据类型的头文件中。

（2）跳转实现（find implementation of）。跳转到函数的定义位置。如果对库函数使用，此时无法跳转到该函数的源码。只有在工程中的自定义函数才能切换到函数定义。同学们此时可以思考一下，既然像printf这样的库函数看不到源码，只能在头文件中找到其原型，那么它的这部分功能是怎样整合到最终文件中执行的呢？关于这个问题，本书第三章第二节会进一步讨论。

（3）跳转引用（find references of）。如果想查看某个函数或数据类型在整个项目中被调用的情况，可以在该函数位置点击跳转引用，该函数在项目里出现的地方会在"Search Results"里显示。如图2.63所示。

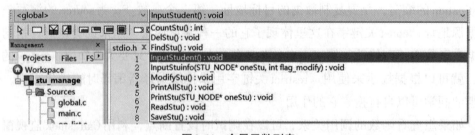

图2.63 跳转引用

在工具栏里可以显示当前文件中所有全局函数的列表，点击后可以快速切换到其中。如图2.64所示。

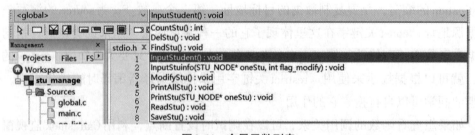

图2.64 全局函数列表

（4）编辑区跳转切换。现在假设其他人拿到了这个小项目的源码，想要一路跟踪查看InputStudent函数的实现。从main函数不断跳转实现到InsertLinker，又跳转实现查看了STU_NODE的数据结构。此时，正面的编辑区已经经过不断跳转，离最初查看的位置很远了。当然，这是我们自己编写的小项目，同学们可以很快找到初始位置而不至于迷失。但是如果以后同学们需要阅读一份颇具规模的软件项目的源码，由几十个源文件数万行代码组成，在跟踪某个函数实现跳转多次之后就很容易迷失。这时就需要用到 IDE 中提供的 Jump Back 功能。点击菜单"View"→"Jump"→"Jump Back"等选项可以在跳转之间实现切换。如图 2.65 所示。

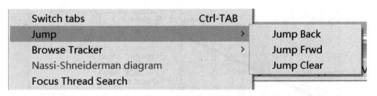

图 2.65　Jump 跳转

每次都用鼠标拖动点击这些选项，这种操作太麻烦，可以给这些 Jump 选项添加快捷键。在菜单"Settings"→"Editor"里找到"keyboard shortcuts"。选中"View"里的"Jump"，在"New shortcut"文本框里直接点击想要绑定的键位就可以了。如图 2.66 所示。

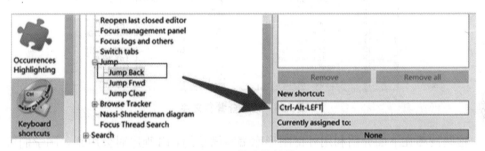

图 2.66　绑定快捷键

2. 多文件查看

要在编辑区切换打开的多个文件，可以多次按"Ctrl"+"Tab"。如图 2.67 所示。

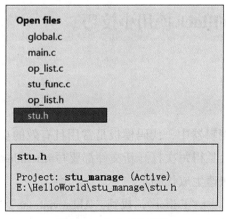

图 2.67　多文件间切换

关闭当前文件的快捷键为"Ctrl"+"W"，一次关闭所有打开文件的快捷键为"Ctrl"+"Shift"+"W"。

如果想分屏同时查看项目中的文件，可以左键长按编辑区内的选项卡文件，之后向窗口两侧拖动直至边界，出现反色块后松开。如图2.68所示。

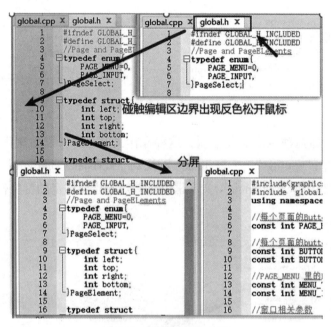

图2.68　分屏查看多文件

这些技巧在下面介绍利用外部图形库编写简单的GUI程序时会用到。同学们可以继续自行补足这个小项目的修改、删除、统计等功能。在下一章编程实践练习中，我们会尝试用现有的知识搭配简单的图形库为它添加简易的图形用户界面。

第五节　CodeBlock使用小技巧

一、代码模板

在功能全面的代码编辑器中，代码模板是常用且有效的功能。同学们在编写算法代码一段时间后，也许会觉得每次打开新文件都要写#include<stdio.h>比较麻烦，代码模板功能可以帮助我们快速生成代码。

点击菜单"Settings"→"Editor"，找到"Abbreviations"中的"Keywords"，点击"Add"添加新的自定义触发关键字"start"，在"Code"里把每次新文件都要输入的代码添加进去，如图2.69所示。

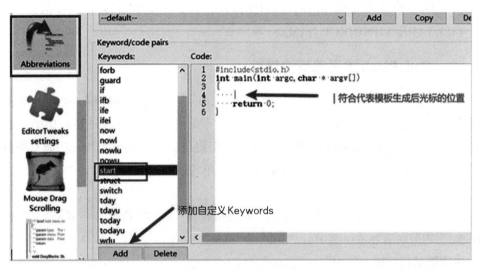

图2.69　编辑代码模板

在代码编辑区输入"start"后按"Ctrl"+"J"快捷键，固定格式的代码就快速生成了。如图2.70所示。

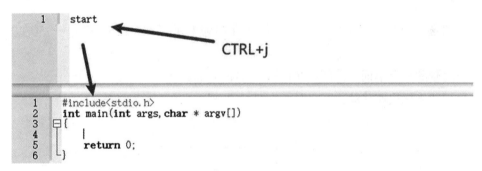

图2.70　快捷键触发代码模板

同学们可以尝试改写其原有的代码模板，比如将里面的"forb"改写为如图2.71所示的内容，其中"$（var）"是自定义宏变量。

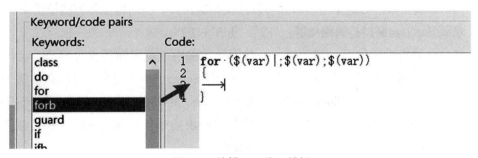

图2.71　编辑forb代码模板

在使用forb代码模板前会提示输入var的值，比如i，之后会将i带入"$（var）"的位置。除了自定义宏变量外，其他的CodeBlock提供的宏变量还包括$｛PROJECT_FILENAME｝$｛PROJECT_NAME｝ 等。

二、CodeBlock常用编辑快捷键

在前面的实例操作中，我们已经使用了"Ctrl"+"R"等快捷键，熟练地掌握一些编辑快捷键能够极大地提升编程效率，节省平时作业或程序考试竞赛中的编辑时间。使用其他的编辑器，键位虽然有所不同，但提供的常用快捷操作（功能）项目基本是一样的。下面介绍其他一些CodeBlock中常用的快捷键。

（1）行操作。

快速注释/注释取消：选中后"Ctrl"+"Shift"+"C"/"Ctrl"+"Shift"+"X"。

多行缩进/取消缩进：选中后"Tab"/"Shift"+"Tab"。

快速移动到行尾："Ctrl"+"Enter"。

快速移动到行首："Alt"+"Home"。

复制粘贴整行："Ctrl"+"D"。

控制行上下移动："Alt"+"↑"/"↓"。

（2）单词。

快速选中单词：左键双击或光标停留在单词末尾"Ctrl"+"Shift"+"←"（左方向键）。

快速删除整个单词至首部："Ctrl"+"Backspace"。

单词间光标快速移动："Ctrl"+"←"/"→"。

快速查找上下文单词：双击单词后"Ctrl"+"F"。

在查找到的单词间移动：正向"F3"/反向"Shift"+"F3"。

（3）代码块。

代码块复制：选中代码块后按住"Ctrl"加鼠标右键拖动到目标位置。

代码块折叠展开：在光标停留的代码块内鼠标右键"folding"，里面有相关选项，也可以设置自定义快捷键。

（4）编辑窗口。右键单击编辑区可以拉动编辑窗口，不用拖动下方的滚动条。

隐藏显示logs窗口扩展编辑器："F2"/"Shift"+"F2"。

（5）自动格式化代码。初学时，一些同学的编码规范习惯还没有养成，会出现一些不规范的格式写法，右键单击源码，选择"Format use astyle"可以自动格式化代码。如果需要改动CodeBlock自动格式的代码风格，可以在"Setting"→"Editor"→"Source formatter"内设置。比如，如果希望代码块括号合并到上一行，并且在操作符左右留空格，可以进行如图2.72所示的设置。

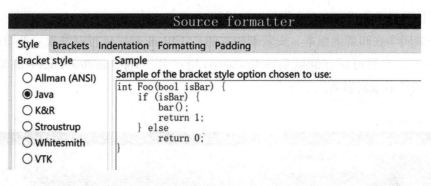

图2.72 调整自动格式化代码风格

第六节 CodeBlock 使用问题汇总

一、CodeBlock 安装后提示编译器错误

在实际使用CodeBlock过程中，很多同学在开始安装软件或卸载改动软件后，编译器出现编译器错误的情况。前文已经为同学们介绍过，编译器是IDE的核心功能，CodeBlock是IDE的一种。在Build时提示编译器错误，首先要确认IDE的编译器路径是否设置好。有关编译器的选项在"Setting"→"Compiler"里可以找到。注意"Toolchain executables"选项卡下面的编译器安装路径。如图2.73所示。此时，该路径应该能够定位到一个可执行的GCC编译器。下面的提示信息说明，该路径或该路径下的bin子目录包含一个GCC可执行的编译器，它才是编译C语言源文件的工具。

如果下载了不带MinGW的CodeBlock版本的编译器，那么此时计算机里可能连编译器都不存在，可以下载单独的MinGW或其他编译器，之后将路径填好并确认。或者卸载后重新安装带编译器的版本。如果出于其他原因选项没有定位到编译器的路径，那么同学们可以点击路径框右侧的"Auto detect"按钮尝试自动定位一下。一般找到的位置是CodeBlock安装时的位置。当然，对于自动定位出来的位置，还是要检查一下该路径下是否确实存在完好的编译器。

很多同学在卸载老版本、安装新版本的CodeBlock后，运行时发现一些旧的配置仍然存在，此时可以在卸载后在C:\Users\{用户名}\AppData\Roaming\中删除Code-Block，安装后重新启动。

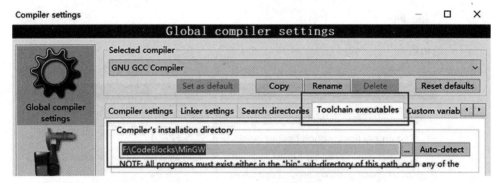

图2.73　CodeBlock编译器路径

二、CodeBlock中文乱码

如果同学们一直使用CodeBlock编辑、编译源码文件，一般不会出现中文乱码问题。但是随着大家接触的开发环境越来越多，可能会出现在其他平台上编写的代码下载到Windows环境下，用CodeBlock打开后中文部分出现乱码，或者打开看没问题，编译执行文件时出现乱码的情况。这是使用不同编译器，不同平台可能出现的通用问题，对于刚刚接触编程的同学来说，还是有必要弄清楚的。不得不说，CodeBlock编译器的这部分功能并不完善，导致很多同学在使用这个功能时的体验很糟糕。

简单来说，几乎所有Windows平台下的中文编码问题都是由Windows环境下默认使用的GBK（Windows-936）中文编码引起的；而如果使用GCC编译器进行编译，除非给定参数，默认情况下使用的是UTF-8中文编码。

解决中文字符编码问题首先要确认如下几个环节。

（1）源文件使用的是什么编码格式。

（2）编译器是按照什么样的格式解析文件的，这决定了显示文件内容时是否出现乱码。

（3）解析源文件时，编译器是按照什么样的格式解析的，如果编译器不按照正确的格式解析，会报编译错误。

（4）生成的可执行文件是按照什么样的格式编码的。这会影响程序在控制台运行时的显示效果。

正常情况下，要在开始项目前确定编码格式需求，然后所有环节保持一致。如果有乱码情况出现，可以按照以上步骤逐步分析。

在 CodeBlock 中编辑器解析当前源码的编码格式在状态栏里提示：

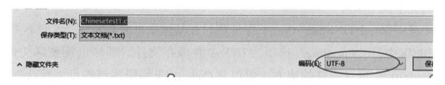

由于多个环节都可能出错，在 CodeBlock 中解决乱码问题有时会混乱，下面尽量还原一种最为常见的编码错误供大家参考。假设本地有一个 VSCode 创建的 C 语言源码，内容如下：

```c
#include <stdio.h>
int main(void)
{
        printf("中文编码问题测试1\n");
        printf("中文编码问题测试2\n");
        printf("中文编码问题测试3\n");
        return 0;
}
```

Chinesetest1.c

可以先用 Windows 记事本打开该源码，点击"文件"→"另存为"观察文件格式，但不要点击"保存"，如图 2.74 所示。可以看到当前的文件编码格式为 UTF-8。

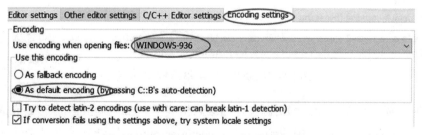

图2.74　观察测试文件的编码格式

打开 CodeBlock，查看"Setting"中的"Editor"选项，找到"Encoding"编码项。可以看到一般此时 CodeBlock 编辑器编码默认为 Windows-936，也就是 GBK，图 2.75 中的选项按钮代表此编码为默认编码形式。注意此选项只有在第一次打开文件或存储文件时生效，如果文件已经打开并保存后再调整该选项是没有作用的，需要设置后关闭文件再打开才能生效。如图 2.75 所示。

| Editor settings | Other editor settings | C/C++ Editor settings | Encoding settings |

Encoding

Use encoding when opening files: WINDOWS-936

Use this encoding

○ As fallback encoding

● As default encoding (bypassing C::B's auto-detection)

☐ Try to detect latin-2 encodings (use with care: can break latin-1 detection)

☑ If conversion fails using the settings above, try system locale settings

图2.75　在 CodeBlock 中编辑器编码设置1

用 CodeBlock 打开该源文件，可以观察到图 2.76 中的内容。

```
Start here  ×   Chinesetest1.c  ×
1    #include <stdio.h>
2    int main(void)
3  ⊟{
4        printf("滒喗构缂柇爧閭蟶    姻嬲瘷1\n");
5        printf("滒喗构缂柇爧閭蟶    姻嬲瘷2\n");
6        printf("滒喗构缂柇爧閭蟶    姻嬲瘷3\n");
7        return 0;
8    }
```

图2.76   CodeBlock打开UTF-8格式文件出现乱码

如果此时点击编译选项，会给出如图2.77所示的错误提示。

```
Line │ Message
     === Build file: "no target" in "no project" (compiler: unknown)
     error: failure to convert GBK to UTF-8
     === Build failed: 1 error(s), 0 warning(s) (0 minute(s), 0 secon
```

图2.77   CodeBlock编译乱码文件出错

此时有两种解决问题的思路，具体选择哪一种，取决于生成的项目到底面向何种平台工作。如果确定是在Windows环境下执行的项目，一般建议维持GBK编码的形式。可以使用记事本重新打开该文件，另存为选择ANSI编码。CodeBlock重新加载显示正常的文本。

如果想要保存UTF-8编码格式，保证项目在其他平台的兼容性，此时不要直接修改CodeBlock中的"Encoding"选项为UTF-8并保存文件，那样可能破坏文件格式，这也是CodeBlock设计不好的地方。可以将CodeBlock编辑器编码设为默认选项，将GBK设置为备选解码方案，如图2.78所示。关掉文件再次打开后会发现，由于将GBK设置为备选方案，编辑器打开文档时会根据文件提示的格式打开文档，可以正常显示中文了。但要记得此时源文件依然是UTF-8编码。编译时仍会提示编码错误。

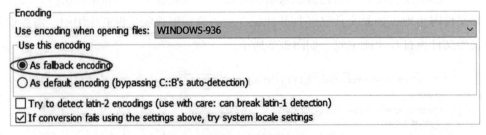

图2.78   CodeBlock中编辑器编码设置2

此时就需要设置编译器解析源文件的编码格式了。在"Setting"→"Compiler"→"Global compiler settings"中找到"Other compiler options"选项。在其中输入图2.79所示的设置项。它们分别指明了输入源文件和生成的可执行文件的中文编码格式。

强调了输入源文件要使用UTF-8解析，生成的可执行文件使用GBK编码，否则Windows控制台就会出现中文乱码现象。编译运行后结果恢复正常。当然，在切换回其他GBK文件的项目时还需要再调整回来。

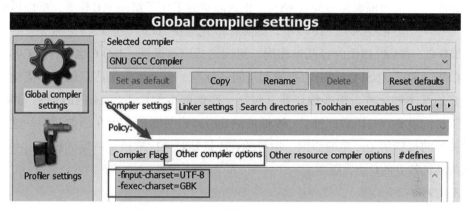

图2.79　编译选项中指定编码格式

以上描述的是一种典型的解决CodeBlock中文乱码的方式，在编程过程中同学们可能还会遇到其他乱码导致正式文件内中文内容被破坏的情形。按照上文中描述的中文编码问题涉及的环节排查，一般会顺利解决。

三、C语言标准问题

如果同学们在源文件中加入以下源码：

for（int i=0;i<10;i++）;

虽然这样的写法没有问题，但有时在编译时有可能报以下错误：

error: 'for' loop initial declarations are only allowed in c99 or c11 mode

这里提示此种循环初始化的方法只能在C99或C11模式中可用。那么C99或C11又是什么呢？这里就涉及C语言的不同标准了。C语言是经典编程语言，其语言标准也是一代一代逐渐完善的，在新的C标准下有一些新的特性。而具体到编译工具实现这些标准时，情况又有所不同，比如一些编译器（如GCC等）支持C99标准的大部分特性，而微软的VC编译器对标准又有自己的扩充，有点像在普通话的基础上有了各地不同的方言。但C语言作为一种编程语言并没有自然语言那么灵活，所以不同标准下的C语言在语法上差别也有限。同学们有必要了解这部分的知识，否则在一些竞赛或考试时出现上面的编译错误就无法处理了。

1. K&R C

最早的C语言没有官方标准，1978年贝尔实验室（AT&T）正式发表了C语言，丹尼斯·里奇（Dennis Ritchie）和布莱恩·柯林汉（Brian Kernighan）出版了著名的

C语言图书 *The C Programming Language*。它作为早期C语言的非正式标准，被人们称为K&R C。一些现在熟悉的语法特性（如struct、+=等）最初就源于该标准。

2. C89、C90

1989年，美国国家标准局（ANSI）正式制定并采用了第一个C标准，所以该标准被称为C89，也叫ANSI C。1990年，国际标准化组织（ISO）正式将该标准采纳，命名为ISO C。和C89相比内容基本相同，组织格式略有区别，ISO C也被称为C90。所以，C89、C90、ANSI C、ISO C指的都是同一标准，也是流传最广、编译器支持实现的最多最基本的标准。很多编译器（包括一些低版本的CodeBlock内的GCC编译器）默认支持的就是该C语言标准。C89标准的C语言声明变量必须在函数开头，这就是前文提到的报错例子产生的原因。后续的C95只是对该标准做了一定的扩充，一般并不认为其是独立的C语言版本。

3. C99

继C90之后，下一个发布的比较正式的版本为C99，它加入了很多特性，比如变长数组、布尔类型等。如果想在新的C语言标准里使用布尔类型，直接使用会报错，C99标准提供了一个stdbool.h，需要包含它才能使用。从这个标准开始，并不是所有的编译器都支持新的C标准。微软对新标准的反应就比较冷淡，MSVC只支持C99的部分特性。这也导致初学编程的同学有一些困惑，甚至一些教程中描述C语言时将for内申请变量的用法判断为错误。由于GNU的开源特性，我们采用的MinGW高版本对C99的特性是支持的，但前提是在编译时要确定采用何种C标准。

4. C11

目前比较新的C语言标准为C11，它吸收了很多现代编程语言的特点，支持多线程，增强了对Unicode字符集的支持。其实编译器对语言的实现和具体的标准是相互影响的，比如GCC编译器就先实现了匿名结构体，后被追加到该标准中。2018年发布的C17标准没有引入新的语言特性，只对C11进行了补充和修正。

5. GNU C

GNU C编译器在标准C的基础上增加了一些自己的语法特性，诸如零长、变长数组、可变参数宏、标号元素等。在使用GCC为编译器的Linux系统环境中可以使用。Linux内核代码里就充斥着GNU C的写法。同学们编程时还是以标准C的写法为主，因其通用性更强。

具体在CodeBlock里，应该采用何种标准进行编译构建呢？在"Setting"→"Compiler settings"里可以找到一些编译选项，里面有关于C、C++的一些语言标准的选项，只要选中相应的C标准，就可以让编译器以该标准支持的特性编译源文件。如图2.80所示。

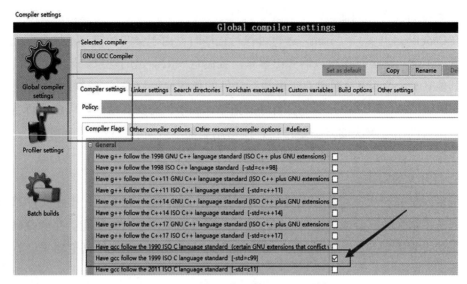

图 2.80 CodeBlock 指定编译 C 语言的标准

四、其他问题

1. 编译键灰色无法点击

当编译按钮呈现灰色无法点击时，应查看是否有终端在运行其他程序。如果有，请先结束该程序，再编译其他项目。

2. 窗体关掉后找不到

如果同学们在使用 CodeBlock 时出现将窗体、选项卡意外关掉而无法找到的情况，可以点击菜单中的"View"→"Perspectives"→"Code::Block default"，通过该操作使 CodeBlock 恢复初始界面布局设置。

如果布局被意外改动并保存到 CodeBlock 的默认布局里，可以选择"View"→"Perspectives"→"delete current"。删除当前布局以后会回到默认布局。

3. 可执行文件拒绝执行

如果编译运行工程出现"ld.exe|cannot open output file bin\Debug\.exe Permission denied|"的错误，可能是操作系统或其他进程将该可执行文件锁定，此时可以稍作等待或者找到对应的路径尝试将.exe 文件删除后重新执行。

4. 在终端中去除编译器自带提示信息

一些同学在尝试编写比较注重显示效果的控制台小程序时想要删除下面的提示信息：

```
Process returned 0 (0x0)   execution time : 0.484 s
Press any key to continue.
```

但这些信息是在 CodeBlock 里运行可执行文件时自带的，要想删除这些提示信息，可以脱离 CodeBlock，在系统提供的终端 shell 中直接运行可执行程序。

5. 可执行文件一闪而过

在CodeBlock中点击"Run"运行可执行程序时，由于会在控制台添加自带提示信息，所以不会出现运行程序以后弹出黑框、控制台一闪而过的现象。但是如果同学们使用其他IDE，或者直接通过双击可执行文件的形式执行程序，有时就会出现上述情况。原因很简单，程序中并不包含暂停的指令，如果没有交互动作，程序执行完毕以后就直接关闭了。解决的方法是：在程序结尾添加输入交互，或加入stdlib.h头文件，使用system（"pause"）系统命令让程序暂停。

6. 打开文件错误

很多同学在初次使用fopen函数尝试打开文件时会找不到文件，排除文件路径写错等问题，很大一部分原因是Windows自动隐藏已知文件后缀的功能。在隐藏已知文件后缀的设置下新建一个.txt文件，如果命名成以下名字，在文件浏览器里会特别有欺骗性：

此时关闭隐藏文件后缀的设置：

实际的文件名字如下：

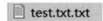

因此，fopen在程序里找不到目标文件也就不足为奇了，所以同学们无论使用的是哪个Windows版本，在编程时都请将显示文件后缀功能打开。

7. 编译工程时没有编译源码

有时将工程内的源码替换以后点击编译运行，执行的可执行文件依然是上一次源码的内容。再次点击"Build"，"Build messsage"里会提示"Target is up to date"（没有新的内容需要构建）。此时可以随意对新加入的源码进行编辑改动，比如在空白处加入一个回车等。这样再次点击"Build"就会重新编译工程内的源码了。

8. CodeBlock运行后不显示界面

关闭CodeBlock，删除C:\Users\$USER\AppData\Roaming\CodeBlocks中的default.conf

文件，重新启动 CodeBlock。如果该文件被隐藏，可以使用系统的命令行进行删除操作。如图2.81所示。

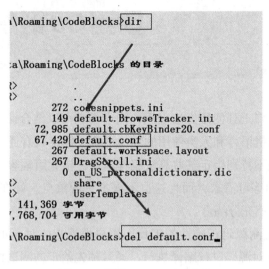

图2.81　删除 default.conf 文件

## 第三章

使用OJ锻炼算法编程

在了解基本的编译工具使用方法以后，同学们就可以结合课堂学习内容进行C语言题目练习了。计算机语言和人类使用的其他语言一样，只有通过大量的实际使用才能熟练掌握。本书并不特别指定某些算法编程题目，毕竟篇幅容量有限，可能无法满足基础不同的同学的练习需求，而且这也不是本书的重点。好在现在有很多OJ系统提供各种题库供同学们充分练习。

OJ是一种在线检测源码正确性的工具。用户根据Web显示的题目要求在线提交源码，OJ服务提供端对源码进行编译执行，通过预先给定的测试样例判断程序是否正确，同时对程序的运行时间、内存使用等条件进行一定限制。

国内外各高校和企业团体提供了各种各样的OJ网站，这些OJ除了具有基本的在线验证题目的功能外，还有很多附加功能。这些功能各具特色，质量却参差不齐。一个好的OJ系统需要具有稳定可靠的测评机、题目测试样例正确、反馈信息完整、题库质量有保证等特点。值得注意的是，该系统最早用于大名鼎鼎的ACM-ICPC竞赛进行自动判题，所以很多OJ原本是面向算法竞赛的，也就是说作为初学者，要根据自身实际情况合理规划刷题的难度。

本章以NEUOJ为例，向大家简单介绍在线编程系统OJ的使用。

第一节　NEUOJ基本使用

NEUOJ的地址为http://oj.neu.edu.cn/。其首页如图3.1所示。

注册或用校内统一身份登录后，点击"课程练习"，该页面有两组基础的C语言练习题目，点击训练题目可以看到练习题列表，完成一个章节以后解锁下一章的题目。

点击题目可以看到题目描述和具体的输入输出要求，右侧是代码的编辑区域，在本地编译验证通过后可以将代码提交。如图3.2所示。注意编程语言的选择，很多OJ同一道题目可以用多种编程语言来答题，选错的话编译会报错。

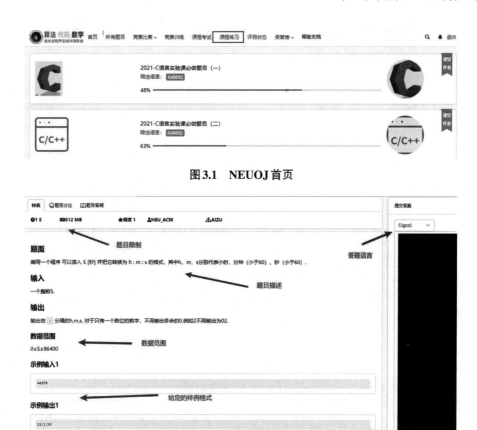

图3.1 NEUOJ首页

图3.2 NEUOJ题目页

OJ系统会将用户提交上来的源码在服务器端进行编译，后台会为每个题目准备一组或多组输入输出测试用例，用编译出的程序读取测试用例的输入，将程序输出的内容和测试用例准备好的输出文本逐字符地比对，进而判定题目对错。这也提醒同学们千万不要在输出的结果里添加一些非题目要求的提示信息。对于输出内容中一些空格、制表符等空白字符，尤其是最后一行结尾的处理，一些OJ会有明确的格式要求，而有些OJ则会对这些进行智能忽略处理。

点击提交后在提交状态里可以查看测评结果，如图3.3所示。

评测结果	运行时间	运行内存	提交语言
✔ 答案正确	5 ms	128 KB	C(gcc)
✘ 答案错误	4 ms	496 KB	C(gcc)
✘ 答案错误	4 ms	368 KB	C(gcc)
✔ 答案正确	5 ms	128 KB	C(gcc)

图3.3 NEUOJ提交状态

NEUOJ关于提交结果的所有描述都在帮助文档里，对于其他的OJ网站，一些常见的返回结果及对应的意义见表3.1。

表3.1 OJ返回的结果含义

提示词	含义
Accept（AC）	代码完全正确
Compilation Error（CE）	代码在服务器端编译错误
Wrong Answer（WA）	输出答案不正确，一般会反馈哪个样例出错
Presentation Error（PE）	输出格式有问题，如大小写、末行回车等
Time Limit Exceeded（TLE）	程序运行的时间已经超出了这个题目的时间限制
Memory Limit Exceeded（MLE）	程序运行所用的内存太多了，超过了对应题目的限制
Output Limit Exceeded（OLE）	程序输出内容过多
Judging/Waiting	已经进入队列正在等待测评结果，无修改的内容在等待结果期间尽量不要重复提交
Segmentation Fault	段错误，包括缓冲区溢出，此时可能指针越界访问了非法的内存空间。堆栈溢出是因函数内使用了过大的局部变量或过多层的递归，导致程序栈空间耗尽
Runtime Error（RE）	运行时错误，情况多样，包含段错误、除0等浮点错误、程序抛出异常等情形

点击评测编号可以显示本次提交的具体信息，包括源码、服务器编译过程中产生的信息、测评结果三项。有时由于服务器编译器版本及选项等编译环境与本地编译环境不同，在本地编译通过的代码有可能提交OJ后出现编译错误。所以，在有条件的情况下应尽量与服务器测评环境保持一致。如出现错误，要及时查看服务器返回的编译信息。如图3.4所示。

图3.4 NEUOJ测评结果

在测评结果里可以看到每组测试样例的通过情况，这里再次强调，除了入门测试的题目以外，对于大部分的OJ题目，后台不可能只有题面上给出的一组测试样例，那样不能精确检验代码的正确程度。测试样例很多情况下要覆盖一些极端的边界情况，需要特别注意数据类型的范围。例如，一些经典的A+B题目，大数相加时甚至要求有效位数为1000位，直接使用int类型表示数据显然不能满足题目范围要求。测试样例的输入一般是不会对外公开的，只有在练习时可能会显示标准输出结果，供同学们debug。例如，图3.5中的信息表示该组测试用例的标准输出答案是173，但提交的代码得到的结果为19。

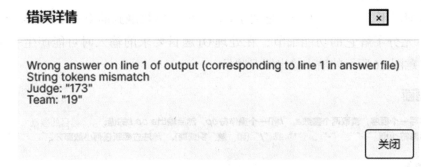

图3.5 NEUOJ样例错误信息

第二节 OJ题目中的基本输入输出问题

一、scanf注意事项

输入输出（I/O）问题是每个使用OJ系统做题的同学都要面对的首要且基本的问题，在这里再次明确输入输出的基本原理十分必要。

1. 输入输出流

在计算机系统中，有大量规格不同的设备需要进行输入输出操作，除了我们熟知的键盘、鼠标和显示终端以外，硬盘、网络接口、通信端口等特性各异的外设都要通过各自的通信协议和输入输出接口同计算机系统进行输入输出。C语言通过操作系统将所有这些输入输出传递的信息抽象成了有序的字节序列，被称为字节流。也就是说，在编程语言层面，对这些设备的读写操作都被统一成对字节流的操作。

2. 缓冲（Buffer）

在计算机系统中，到处都充斥着缓冲的身影。它的设置本质上是为了解决输入端和接收端处理数据速度不匹配的问题。类比生活中我们使用电梯运货的场景，每件货物送达电梯口时并不能保证电梯恰好是准备好的，那么提前到达的货物通常会被"缓存"在电梯口的走廊处。

在计算机中，通常会在内存中开辟一段空间作为缓冲。按照程序从缓冲区中实际读取数据的时机，缓冲分为全缓冲、无缓冲、行缓冲三种。全缓冲常用于磁盘文件的读写中，只要缓冲区满了，程序就开始进行读写。无缓冲，顾名思义，只要缓冲区有内容，就立刻输入输出。标准使用场景是：当程序异常退出需要进行标准错误输出stderr，或者一些控制台小游戏需要按键实时反馈。使用键盘输入时，通常采用的缓冲方式为行缓冲，即输入回车换行时程序读取缓冲区中的内容。

3. 格式字符串中的空白符

一般情况下，scanf输入函数是初学C语言的同学接触到的第一个标准输入函数，但如果不充分了解它的功能细节，在处理OJ题目要求的输入时可能产生一定的问题。请注意图3.6所示的输入输出练习题目。

题面

编写一个程序，读取两个整数 a，b 和一个操作符 op，然后输出 a op b 的值。

运算符 op 是 "+"、"-"、"*" 或 "/"（和、差、积或商）。除法应截断任何小数部分。

输入

多组输入，格式如下。

```
a op b
```

输入以EOF结束，当 op 为 '?' 时，程序不需要且不再需要处理数据。

输出

对于每个数据集，在一行中打印值。.

数据范围

- $0 \leq a, b \leq 20000$
- 除数不会为 0.

示例输入1

```
1 + 2
56 - 18
13 * 2
100 / 10
27 + 81
0 ? 0
```

示例输出1

```
3
38
26
10
108
```

图3.6 题目：简单计算器

这是一道多输入多输出，数字和字符混合输入，并且以EOF为输入结尾的题目。请同学们查看下面一份存在bug的解题源码。

```c
#include<stdio.h>

int main() {
    int a, b;
    char c;
    while (scanf("%d %c %d\n", &a, &c, &b)! = EOF){ //格式字符串最后加入了\n
        if (c =='?')break;
        if (c =='+')printf("%d\n", a + b);
        if (c =='-')printf("%d\n", a - b);
        if (c =='*')printf("%d\n", a * b);
        if (c =='/')printf("%d\n", a / b);
    }
    return 0;
}
```

simple_calculator_v1.c

关于一般的scanf的格式字符串中存在%c格式符，会读取空白字符所引起的一些bug，同学们在一些基本的输入字符练习中肯定已经遇到不少，并且有一些解决问题的心得了。题目的输入格式中，操作符两端存在空格，最好的方式当然是在scanf的格式字符串内加入空格来跳过输入流中的空格。但请注意，这里在格式字符串的最后加入了\n。

在本地运行时会产生以下现象：第一次输入换行后，程序并没有立刻显示输出。并且即使不断输入回车，依然不显示，直到在继续输入另一行后才显示第一行输入的结果。如图3.7所示。

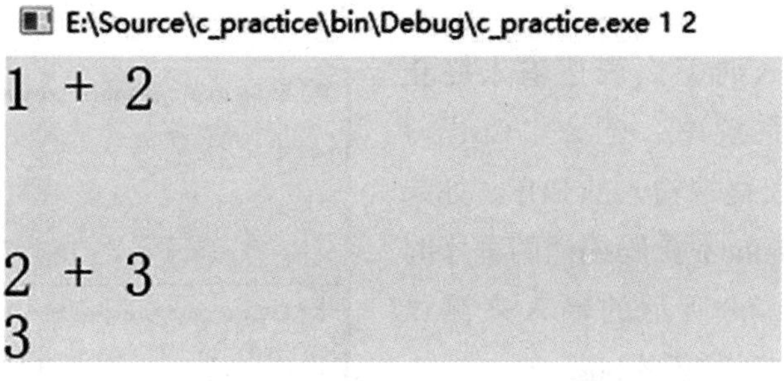

图3.7　simple_calculator_bug1

回车以后，scanf会读取输入缓冲区中的输入流，并且根据格式字符串对它们进行转换。具体的处理动作如人民邮电出版社出版的《C语言程序设计：现代方法》一书中关于scanf用法的一段描述：

> 处理格式串中的普通字符时，scanf 函数采取的动作依赖于这个字符是否为空白字符。
>
> 空白字符。当在格式串中遇到一个或多个连续的空白字符时，scanf 函数从输入中重复读空白字符直到遇到一个非空白字符（把该字符"放回原处"）为止。格式串中的一个空白字符可以与输入中任意数量的空白字符相匹配，包括0个。
>
> 其他字符。当在格式串中遇到非空白字符时，scanf 函数将把它与下一个输入字符进行比较。如果两个字符相匹配，那么scanf 函数会放弃输入字符而继续处理格式串。如果两个字符不匹配，那么scanf 函数会把不匹配的字符放回输入中，然后异常退出。

这里就解释了bug产生的原因。在scanf的格式字符串中如果存在空格、制表符或回车这样的空白字符，它会重复读空白字符直到遇到一个非空白字符，否则程序会一直阻塞等待。从而，在格式字符串的末尾加入\n这样的空白字符时一定要特别小心，因为此时输入缓冲区是行缓冲的，每次读取输入流时最后的输入字符是回车，后面已经没有非空白字符的内容了，并且即使之后不断输入回车，scanf还是会不停读取并跳过这样的空白字符，直到有了新的非空白字符输入，scanf才会解除阻塞，将输入流的内容读取给相应的内存变量。所以，在此提醒同学们，在使用scanf时若非特殊需要，不要在格式字符串的结尾加入空白字符。这一题将代码中scanf格式符结尾的\n去掉以后，再次编译运行程序，结果正确。

4. EOF 详解

请同学们注意在终端调试时表达文件结尾EOF的方法。虽然我们经常在题目源码中写EOF来终止输入，但是对于很多初学的同学来说还是不太清楚其具体原理，在调试代码时会因此产生一些难以理解的bug。

EOF 是 end of file 的缩写。在系统中，EOF 不是一个字符，而是当系统读取到文件结尾的返回的一个信号。在C语言中，捕获该信号后返回的 EOF 是一个宏，其值通常是−1。至于系统怎么知道文件到了结尾，这就涉及文件系统相关的知识了，通常有相关的数据结构记录文件开始和结束的位置。在C语言中，一系列输入输出族函数（scanf、getchar、fgetc等）都会在读取到文件结尾或者发生读写错误时返回 EOF。

而在终端输入时怎么表达输入终止呢？在 Windows 系统中，输入"Ctrl" + "Z"组合键来代表终端输入的 EOF。如果在运行simple_calculator源码编译的程序时在终端中进行图 3.8 所示的输入来测试EOF功能，会产生死循环的bug。

产生这样的bug现象是由两个因素导致的。首先"Ctrl" + "Z"原本是一个字符，对应的ASCII值为26。只不过在特殊情况下用来代指终端输入文本到了结尾。

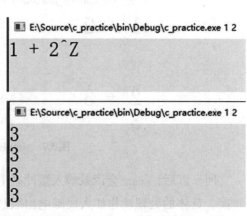

图3.8 "Ctrl" + "Z" 产生的 bug

这个特殊情况就是输入缓冲区没有可读的数据，也就是输入"Ctrl"+"Z"前输入流中没有其他待读取的文本。此时按下"Ctrl"+"Z"和回车，系统会将其解释为文件结尾而让scanf等函数返回EOF。所以在新的一行首部单独输入"Ctrl"+"Z"和回车，结果是正确的。

但如果像图3.8中一样在"Ctrl"+"Z"前面还存在其他输入文本，那么系统将不认为"Ctrl"+"Z"是文件结尾，而是将它解释为值为26的ASCII字符，并且到该位置，截断后面的输入流。请看下面一个简单的测试样例，可以看到最后字符c的值为26，对应输出的是一个奇怪的字符，并且后面的输入流不再读取了。如图3.9所示。

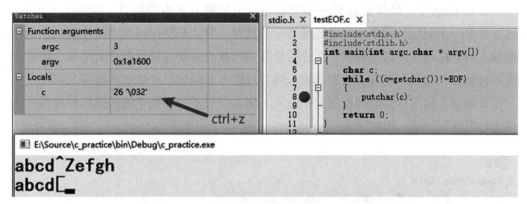

图3.9 EOF测试样例

至此就解释了图3.8中的输入形式为什么不能触发EOF终止输入。至于为什么会出现死循环，这就是scanf作为while的循环条件时时常出现的一个bug问题了。为什么scanf会不等待用户输入而一直重复读取之前的输入？很明显，这是因为输入缓冲区并没有被清空。正常情况下，scanf处理完一行的输入后会清空已经解析完毕的输入缓冲，但是当输入流中的内容无法同scanf的格式字符串相匹配时，输入缓冲区会有残余的信息，很明显"Ctrl"+"Z"作为一个ASCII字符无法和simple_calculator中scanf的格式字符串相匹配。而while的循环条件是判断scanf返回EOF，输入缓冲区内一直有之前的内容，所以会不等待用户再次输入而不停循环读取上一轮输入残留的内容。

解决此类问题的一般方式是显式地加入清空缓冲区的指令。Windows环境下使用fflush函数。

5. 一些常用的输入输出形式

使用OJ时，一些常用的输入形式如下：

while（scanf（"%d"，&n），n）

逗号表达式返回逗号后面的值，适用于输入n等于0跳出的场景。

while（~scanf（"%d"，&n））

等同于while（scanf（"%d", &n）!=EOF），前面讨论过C语言中宏EOF一般都为-1，对-1的二进制存储内容取反，正好为0。

```
for  （int i = 0; i < n; ++i）  {
printf（"%d%c", a [i], " \n" [i == n - 1] ）;
}
```

此写法可以用于输出a [0] 至a [n-1] 个数组元素，要求前n-1个用空格隔开，最后一个元素后面要有换行的情形。字符串常量可以作为数组被寻访。

二、使用freopen重定位输入

在OJ测试中，经常会遇到一些要求相对大量输入文本的题目，如图3.10所示。这就带来一个问题，在本地编译环境进行调试时，默认是使用键盘通过控制台作为标准输入的。在编程调试过程中，往往要经过多次修改重新编译运行查看结果，难道每次运行都要在控制台里键入所有的输入吗？可能有的同学已经想到将所有文本存放在一个文件里，每次再复制到控制台中输入。那么，可不可以使本地编译的程序直接读取文件内容作为输入呢？

题面

您的任务是执行简单的表格计算。

编写一个程序，读取行数r、列数c和一个r×c元素表，并打印一个新表，其中包括每行和每列的总和。

输入

在第一行中，给出了两个整数r和c。接下来，该表由r行给出，每行由c个整数组成，这些整数由空格字符分隔。

输出

打印 (r+1) × (c+1) 元素的新表格。在相邻元素之间放置一个空格字符。对于每一行，在最后一列中打印其元素的总和。对于每一列，在最后一行中打印其元素的总和。在表格的右下角打印所有元素的总和。

数据范围

- 1≤ r、c ≤ 100
- 0≤ 表中的元素 ≤ 100

输入样例	输出样例
4 5	1 1 3 4 5 14
1 1 3 4 5	2 2 2 4 5 15
2 2 2 4 5	3 3 0 1 1 8
3 3 0 1 1	2 3 4 4 6 19
2 3 4 4 6	8 9 9 13 17 56

图3.10　题目：表格求和

前文介绍过输入流的概念，C语言中是通过FILE数据结构操控输入输出流的。每个C程序在运行时默认会打开三个字节流，即stdin、stdout、stderr。它们作为标准输入输出默认连接到键盘输入和控制台输出。只需要将标准输入流从键盘重定位到某个输入文件，就可以达到期望的效果。

使用freopen函数可以重定位字节流，相关的代码如下：

```
int main() {
#ifndef ONLINE_JUDGE
    FILE * fp=freopen("input.txt","r",stdin);
    if (fp==NULL)
    {

        perror("input.txt open error\n");
        exit(1);

    }
#endif // ONLINE_JUDGE
    return 0;

}
```

reopen_test.c

freopen接收3个参数，分别是要定位的目标文件、读写模式，以及已经打开的字节流。这里将标准输入流定位到本地和源码在同一路径的文件input.txt，下面加入了一些读取文件错误时的处理语句，这样编译出的程序默认从input.txt文件中读取文本。执行结果如图3.11所示。

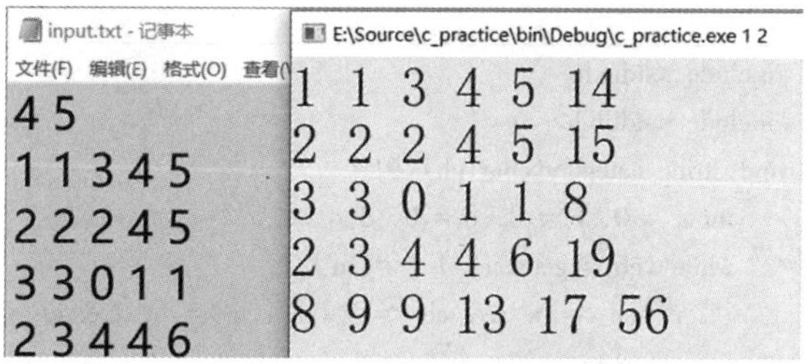

图3.11　从input.txt读取输入

这些重定向的代码向OJ服务器提交时需要被注释掉，因为服务器端会统一对提交源码做输入重定向处理，用来读取服务端保存的测试样例输入文本。但每次提交都进行这样的操作会很烦琐，一种更便捷的写法是如源码reopen_test.c中一样利用宏ONLINE_JUDGE进行预处理。很多OJ网站的编译环境都会加上编译选项：

–DONLINE_JUDGE

这个选项的意思是在提交的源码中加入预处理命令：

#define　ONLINE_JUDGE

利用这个定义的宏，就可以在代码里加入一些在本地和提交到OJ时不一样的执行动作。在本地利用预处理命令#ifndef ONLINE_JUDGE，使得自定义的重定向代码只在本地执行。在OJ端由于定义了ONLINE_JUDGE宏，这部分代码就不编译了。

三、单行输入字符串bug

了解了行缓冲与EOF的概念之后，图3.12所示这个单行输入题目产生bug的原因就更好理解了。

73

⏱1 S　　🗄2 GB　　★难度 1　字符串处理	👤NEU-ACM　　⛓NEUOJ-old

编写一函数，由实参传来一个字符串，统计此字符串中字母、数字、空格和其他字符的个数，在主函数中输入字符串以及输出上述结果。只要结果，别输出什么提示信息。

输入

一行字符串，字符串长度小于 10^4

输出

统计数据，4个数字，空格分开。

输入样例	输出样例
!@#$%^QwERT　　1234567	5 7 4 6

图3.12　题目：统计字符串

题目中要求将单行输入读取后按照字符串解析，分别输出每类字符的个数。下面的代码并没有按照题意编写，而是循环读取单个字符判断。

```c
#include <stdio.h>
#include <stdlib.h>
void string_category(char ch) {
    int a = 0, b = 0, c = 0, d = 0;
    while((ch = getchar()) != '\n') {
        if((ch >= 'a' && ch <= 'z') || (ch >= 'A' && ch <= 'Z'))
            a++;
        else if(ch >= '0' && ch <= '9')
            b++;
        else if(ch == ' ')
            c++;
        else
            d++;
    }
    printf("%d %d %d %d", a, b, c, d);
}

int main() {
    char ch;
    string_category(ch);
}
```

singleLineInputWrong.c

在本地的 CodeBlock 下执行的结果看似是正确的，但是在 OJ 系统端给出的结果是运行超时。原因在于本地终端输入时默认采用行缓冲的方式读取，输入流里一定会有'\n'。这时使用'\n'作为终止条件是可以的。但是在 OJ 服务器端，提交的代码会进行输入重定向，读取保存输入样例的文件。该文件很可能是单行文本没有回车换行的，此时再用'\n'作为终止条件一定会产生运行超时错误，所以请同学们注意。如图3.13所示。

图3.13　CodeBlock本地运行正确但NEUOJ报错

第三节　使用OJ时本地样例通过但系统判错的问题

在使用OJ进行答题的过程中，最大的困惑就是：本地编译运行题目给出的示例代码可以通过，但提交到OJ以后题目判错。经验尚浅的编程者往往会对OJ系统产生疑问。诚然，有时一些OJ测试网站在设计题目或测试用例时也会有疏漏，但一般来讲，产生这样的问题，尤其是对于一些已经有大量提交记录通过的题目，更大可能是因为提交者的代码本身有缺陷。

一、算法性能不达标

OJ上一些提交的代码都是有运行时间和内存限制的，并不是结果正确就可以。很多时候OJ题目的暴力解法是很容易写出的，这些解法在本地运行没问题，但往往不能满足题目对算法性能的要求。图3.14所示的题目是NEUOJ中的一道最大利润的问题。

题面

您可以从外汇保证金交易中获取利润。 例如，如果您以每美元 100 日元的价格买入 1000 美元，并以每美元 108 日元的价格卖出，则可以获得 (108−100) × 1000 = 8000 日元。

你需要编写一个程序，读取一种货币在 t 时刻的价值 R_t，然后输出 $R_j - R_i$ 的最大值 $(j > i)$。

输入

第一行包含一个整数 $n(2 \leqslant n \leqslant 200000)$。接下来n行，$R_t(t = 0, 1, 2, ..., n-1)$ 按顺序给出，$1 \leqslant R_t \leqslant 10^9$。

输出

在一行中输出最大值。

输入样例	输出样例
6 5 3 1 3 4 3	3

图3.14　题目：最大利润

很多OJ算法题目的解法都不唯一，区别只是在于每种写法的时间效率和空间效率不同。对于上面的题目，如果仅仅要求得到正确的解，采用双层循环的暴力解法会产生什么样的结果呢？让我们尝试提交以下代码：

```c
#include<stdio.h>
int main(int argc,char * argv[])
{
    int num;
    int a[200000];
    scanf("%d",&num);
    for (int i=0;i<num;i++)
    {
        scanf("%d",&a[i]);
    }
    int maxValue=0;
    int tempValue=0;
    for (int i=0;i<num;i++)
    {

        for (int j=i+1;j<num;j++)
        {
            tempValue=a[j]-a[i];
            if (tempValue>maxValue)
            {
                maxValue=tempValue;
            }
        }
    }
    printf("%d",maxValue);
    return 0;
}
```

max_profix_v1.c

测评的结果如图3.15所示，即使得到大多数的正确值，有两组样例也显示运行超时。结合题目中n的取值范围，当n取值超过一定数量级时，时间复杂度为O（n²）的程序无法满足题目的性能要求，相关内容可以在数据结构课程中专门学习。这里提示我们并不是代码逻辑正确就可以，很多时候必须要考虑以其他性能更高的算法实现题目。

图3.15 max_profix_v1测评结果

二、测试样例未覆盖到

最大利润问题在很多教程里都可以找到标准解法，上面解法的问题是双层循环写法有很多比较是多余的。在一次循环遍历的过程中，要想求得当前a［i］的最大利润，只需要让它减去a［0］~a［i-1］中的最小值即可，然后和当前已经求得的最大利润maxValue比较。如果a［i］本身比a［0］~a［i-1］中的最小值还小，就需要替换当前最小买进的值minValue。这些都可以在一次循环内做到。优化后的代码如下：

```c
#include<stdio.h>
int main(int argc,char * argv[])
{
    int num;
    int a[200000];
    scanf("%d",&num);
    for (int i=0;i<num;i++)
    {
        scanf("%d",&a[i]);
    }
    int maxValue=0;
    int minValue=0;
    for (int i=1,minValue=a[0];i<num;i++)
    {
        if (a[i]-minValue>maxValue)
        {
            maxValue=a[i]-minValue;
        }
        if (a[i]<minValue)
        {
            minValue=a[i];
        }
    }
    printf("%d",maxValue);
    return 0;
}
```

max_profix_v2.c

再次提交以后，还是有一组测试样例没有通过，打开测评信息如图3.16所示。

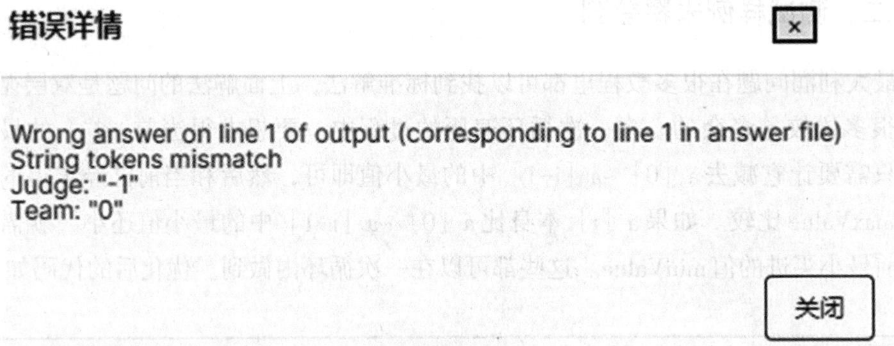

错误详情   ✕

Wrong answer on line 1 of output (corresponding to line 1 in answer file)
String tokens mismatch
Judge: "-1"
Team: "0"

关闭

图3.16 最大利润问题初值引起的错误

提示信息显示该组测试样例的正确结果为-1，但是程序运行的结果为0。这提示我们程序没有覆盖到某些特殊的输入序列。比如，一组一路走低的输入数据，maxValue不可能为正数，所以把maxValue的初值赋值成0显然有些草率，改为a［1］-a［0］即可。

三、初值问题

变量未赋初值直接使用是初学者经常出现的问题，本书在第一章第三节中对于编译器对未赋初值的变量进行的处理动作进行过讨论，不同编译环境下对这种变量的处理方式不一样。这个问题的麻烦之处在于：一些充满风险的写法在一些编译环境下碰巧没有产生bug。比如图3.17所示的问题。

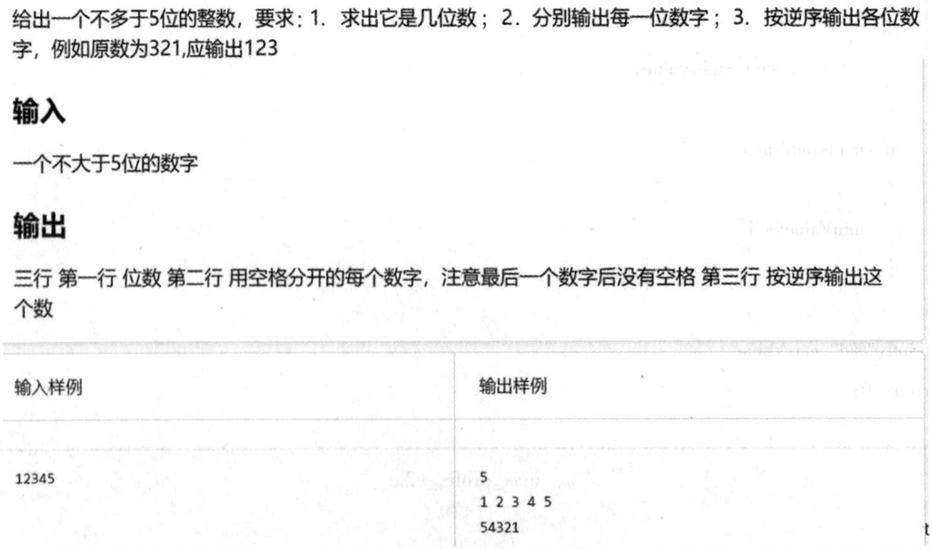

给出一个不多于5位的整数，要求：1．求出它是几位数；2．分别输出每一位数字；3．按逆序输出各位数字，例如原数为321,应输出123

输入
一个不大于5位的数字

输出
三行 第一行 位数 第二行 用空格分开的每个数字，注意最后一个数字后没有空格 第三行 按逆序输出这个数

输入样例	输出样例
12345	5 1 2 3 4 5 54321

图3.17 题目：数字分解

这里是一份含有初值问题bug的源码：

```c
#include<stdio.h>
int main(void){
    int x,i,c[5]={0},index=1,j;
    scanf("%d",&x);
    while(x){
        c[i++]=x%10;
        x/=10;
    }
    printf("%d\n",i);
    for(i=i-1;i>=0;i--){
        if(i){
            j+=c[i]*index;
            printf("%d ",c[i]);
        }
        else{
            j+=c[i]*index;
            printf("%d",c[i]);
        }
            index*=10;
    }
    printf("\n%d",j);
    return 0;
}
```

num_reverse.c

在CodeBlock中，如果以默认的设置编译运行num_reverse.c，结果是正确的。但是一旦提交到NEUOJ，返回的结果是答案错误。如图3.18所示。

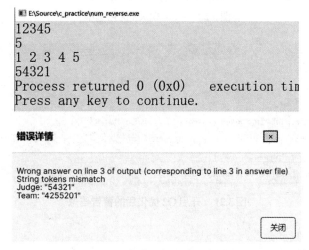

图3.18 num_reverse.c本地运行正确，提交到NEUOJ报错

这里变量i和j没有赋初值，i直接进行自加，而j直接作为左值进行运算。在CodeBlock中，编译器直接给未赋初值的i，j变量赋值为0，使得代码碰巧正确了。但在OJ端的编译环境显然没有这么处理，并且NEUOJ的编译信息清晰地提示了相关变量未赋初值的警告（见图3.19）。但是这些warning信息没有出现在CodeBlock编译时的Build log里。这也提醒我们，有时在本地编译时获取全面的警告信息至关重要。

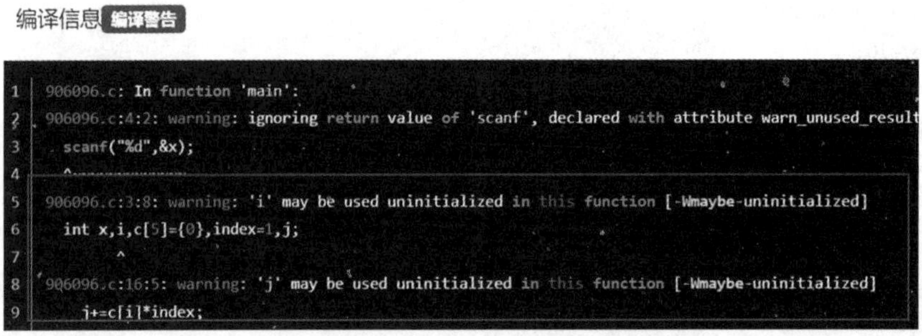

图3.19　NEUOJ返回的编译信息

要想在20.03版本的CodeBlock中开启未赋初值等相关的警告，可以在"Setting"→"Compiler"→"Compile flags"里将优化相关的编译选项勾选，并且确保当前文件在一个工程下，这样Build时就会有相关的警告信息了。如图3.20和图3.21所示。

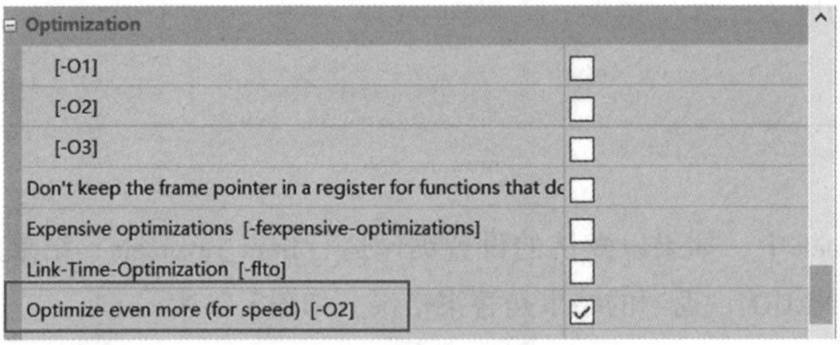

图3.20　CodeBlock优化选项

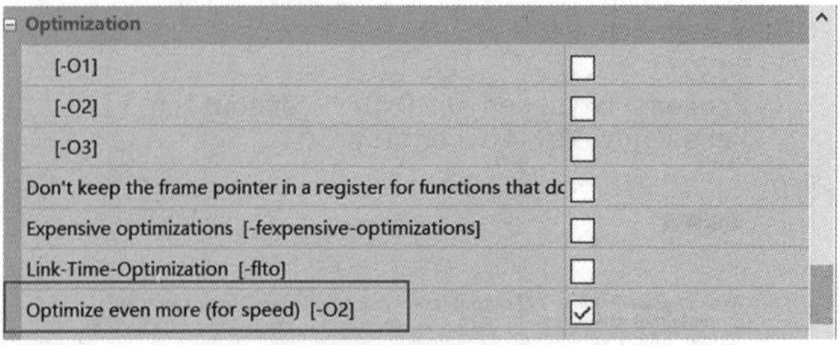

图3.21　开启O2优化后的警告信息

四、对数器

1. 对数器基本用法

在对前文中演示的冒泡排序或最大利润源码进行debug的过程中，一个最大的问题在于，我们写好的有问题的代码很多时候只针对特定输入触发相应的bug。得到这组触发bug的输入是debug代码的关键。但很多时候OJ上返回的测试结果并不提示有问题输出的具体信息，而这组特定输入很多时候是很难凭空想出来的。所以，用编写对数器（也叫对拍器）来构造输入数据检查程序错误是常用的一种OJ技巧。对数器由4部分构成：

（1）利用随机数算法或其他规则批量生成的输入数据的程序；

（2）用暴力解法或其他可以保证输出数据正确性的程序；

（3）待测试的算法程序；

（4）使用系统脚本或使用编程语言编写的可以自动运行上述程序并进行文本比对的对拍程序。

下面以第二章第三节中存在bug的冒泡排序算法为例，演示一种典型的对数器写法。在第二章第三节中，我们直接给定了存在bug的序列，现在尝试用对数器自动找到触发bug的序列。编写批量生成长度、大小随机数列的程序random_generator.c。

```c
#include <stdio.h>
#include <stdlib.h>
#include<time.h>
#define N 100
#define MAXVALUE 1000
int main()

{
    FILE * fp=freopen("data.in","w",stdout);
    if (fp==NULL)
    {
        perror("data.in error");
        exit(1);
    }
    srand((unsigned)time(0));
    int arrLength=rand()%N+1;     //取模生成[1,N]范围内的随机数
    printf("%d\n",arrLength);
    for (int i=0;i<arrLength;i++)
    {
        printf("%d%c",rand()%MAXVALUE," \n"[i==arrLength-1]);
    }
    return 0;
}
```

random_generator.c

这里生成数列的长度范围N为1~100，数列中元素的大小为1~1000。输出重定向到文件data.in中。rand生成的随机数的范围在［0，32767］，要想得到一定范围内的随机数，可以进行取模操作。如果需要获得更大范围的随机数，有多种方案可以实现。比如进行位操作：

$$large\_num=（rand（）<<15）+rand（）$$

这样得到的随机数范围为［0，$2^{30}-1$］。运行程序后得到的data.in如图3.22所示。

data.in - 记事本
文件(F) 编辑(E) 格式(O) 查看(V) 帮助(H)
53
876 279 568 474 113 475 658 980 348 163 674 964 604 468 447 880 67 419 417 564 889 120 395 298 949 751 650 695 362 42 119 424 319 177 18 204 686 140 447 356 650 610 406 912 339 978 941 876 916 475 512 387 15

图3.22　data.in内结果

得到的这组随机数的第一个值为随机数长度，其他为随机序列。下面使用一组正确的选择排序的源码对这组数据进行排序。

```c
#include<stdio.h>
#include<stdlib.h>
int selectSort(int a[], int length) {
    int mini;
    int temp,count=0;
    for (int i = 0; i < length - 1; i++) {
        mini = i;
        for (int j = i + 1; j < length; j++) {
            if (a[mini] > a[j]) {
                mini = j;
            }
        }
        if (i ! = mini) {
            temp = a[mini];
            a[mini] = a[i];
            a[i] = temp;
            count++;
        }
    }
    return count;
}
int main(int argc, char * argv[]) {
    FILE *fp=freopen("data.in","r",stdin); //输入重定向,从data.in读取
    if(fp==NULL)
    {
        printf("Input open failed\n");
        exit(1);
    }
```

```
    }
    freopen("data_selectsort.out","w",stdout); //输出重定向
    int n, count;
    scanf("%d", &n);
    int a[n];
    for (int i = 0; i < n; i++) {
        scanf("%d", &a[i]);
    }
    count = selectSort(a, n);
    for (int i = 0; i < n; i++) {
        printf("%d ", a[i]);
    }
    return 0;
}
```

select_sort.c

选择排序程序读取 data.in 中的数据，将排序后的结果放入文件 data_selectsort.out 中，获得选择正确的排序结果。如图 3.23 所示。这里生成正确解的程序随题目应变，OJ 的一般正规题目的难点都在于如何使用效率高的算法解出题目。而使用暴力解法虽然无法通过题目测试样例的运行效率要求，但是基本可以保证题目的准确性，可以用来生成随机输入样例的正确解。

```
data_bubblesort.out - 记事本                                    -  □  ×
文件(F) 编辑(E) 格式(O) 查看(V) 帮助(H)
18 15 42 67 113 119 120 140 163 177 204 279 298 319 339 348 356 362 387 395 406 417 419 424 447 447 468 474 475 475 512
564 568 604 610 650 650 658 674 686 695 751 876 876 880 889 912 916 941 949 964 978 980
```

图 3.23   data_selectsort.out

待测试的 bug 代码 bubble_sort.c 如下，依然是边界没有确定好的问题。

```c
#include<stdio.h>
#include<stdlib.h>
int main(int argc,char * argv[])
{
    int N,temp;
    int swap_count=0;

    FILE * fp=freopen("data.in","r",stdin);
    if (fp==NULL)
    {
        perror("data.in error");
        exit(1);
    }
    FILE * fp_out=freopen("data_bubblesort.out","w",stdout);
    if (fp_out==NULL)
```

```
    {
        perror("data_bubblesort.out error");
        exit(1);
    }

    scanf("%d",&N);
    int target_array[N];
    for (int i=0;i<N;i++)
    {
        scanf("%d",&target_array[i]);
    }
    for (int i=1;i<N-1;i++)
    {
        for (int j=0;j<N-i;j++)
        {
            if (target_array[j]>target_array[j+1])
            {
                swap_count++;
                temp=target_array[j+1];
                target_array[j+1]=target_array[j];
                target_array[j]=temp;
            }

        }
    }
    for (int i=0;i<N;i++)
    {
        printf("%d ",target_array[i]);
    }

    return 0;
}
```

bubble_sort.c

bubble_sort 的输入依然定向到 data.in，输出排序后的结果到 data_bubblesort.out 中，针对当前 data.in 内的输入数据，data_bubblesort.out 与 data_selectsort.out 内的结果比对一致，证明该组数据不是要寻找的触发 bug 的输入。

最后需要编写一个对拍程序，可以自动执行上述比较过程，并且一旦比对得到不一致的结果，就保存并终止。常见的实现方式是编写本地系统环境对应的脚本文件或者使用 python 等各种编程语言编写该程序。下面的代码使用 C 语言实现最基本的对拍程序。

```
#include <stdio.h>
#include <stdlib.h>
int main()
{
    while (1)
    {
        system("random_generator.exe");
        system("bubblesort.exe");
        system("selectsort.exe");
        if (system("fc data_bubblesort.out data_selectsort.out")) {
            break;a
        }
    }

        return 0;
}
```

comparison_script_v1.c

C语言中的system函数可用于执行shell系统命令。有关shell的相关概念，同学们可以参考第五章第三节中的相关介绍。system函数的原型为：

$$int\ system（const\ char\ *command）$$

其中，command为要执行的命令名或程序名。如果错误，返回-1，否则返回命令状态。整个对拍程序是一个大循环，先生成随机数据，之后执行两个算法程序。最后对两个程序的排序结果文件进行比对，Windows环境下使用的命令为fc，该命令用来比较两个或两套文件，显示它们的不同之处。如果比对结果一致，返回0；不一致则返回1。运行效果如图3.24所示。

图3.24　执行comparison_script_v1.exe

可以看到，循环过程中不停反馈两组输出的比对结果，直到查找到结果不同的一组数据跳出循环。此时对应的输入数据data.in如图3.25所示。

data.in - 记事本 — □ ×
文件(F) 编辑(E) 格式(O) 查看(V) 帮助(H)
39
790 5 568 488 592 472 128 668 109 628 639 48 651 347 372 702 588 956 126 14 707 235 283 702 892 723 35 64 794 498 459 542 651
173 702 977 750 947 1

图3.25　data.in

至此，通过对数的方式自动找到了一组触发bug的输入，可以用这组输入进行debug。所有产生的文件如图3.26所示。

名称

C bubble_sort.c
C comparison_scipt_V1.c
C random_generator.c
C select_sort.c
   data.in
   data_bubblesort.out
   data_selectsort.out
   bubble_sort.exe
   comparison_scipt_V1.exe
   random_generator.exe
   select_sort.exe

图3.26　对数器包含的文件

2. 改进的对数器

上面演示的是一般情形的对数器构造过程，实际的题目要求千差万别，同学们需要灵活地根据题意要求编写数据构造程序和对数程序。比如，如果希望判断bubble_sort.exe输出的序列是否正确，可以简单地通过一个函数判断序列是否为升序，把该函数写到comparison_script_v2中，不需要其他对照程序，代码如下：

```c
#include <stdio.h>
#include <stdlib.h>
int testSort()
{
    FILE * fp=fopen("data_bubblesort.out","r");
    if (fp==NULL)
    {
        perror("data_bubblesort.out error");
        exit(1);
    }
    int min;
    int temp;
    fscanf(fp,"%d",&min);
    while(fscanf(fp,"%d",&temp)==1)
    {
```

```c
        if (temp<min)    //判断排序后的序列是否存在逆序
        {
            fclose(fp);
            return 0;
        }
        min=temp;
    }
    fclose(fp);
    return 1;
}
int main()
{

    int count=1;
    while (1)
    {
        system("random_generator.exe");
        system("bubblesort.exe");
        system("type data.in"); //type指令输出文件内容
        if(testSort())
        {
            printf("data %d Right Anwser\n",count++);

        }
        else{
            printf("data %d Wrong Anwser\n",count++);
            system("pause");
            break;

        }


    }
    return 0;
}
```

comparison_script_v2.c

程序里加入了每轮验证输出结果的编号，并且利用type指令显示了每轮待处理的data.in数据。执行该对拍程序的结果如图3.27所示。

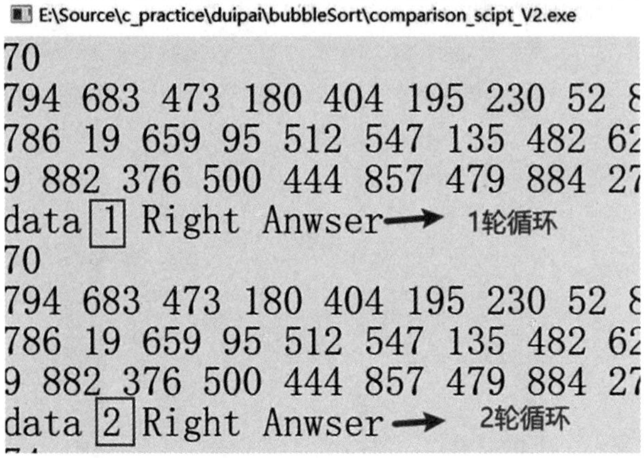

图3.27 comparison_script_v2运行结果

该运行程序的结果明显存在问题：循环比对的轮数增长了，但是比对的数据却是同一组。这是因为生成数据并写入磁盘内文件的输入输出过程的速度要慢于while循环执行的速度，执行比对指令fc时data.in文件还没来得及写入新数据，也就是说以前很多次比对都重复了。下面的代码除了改进上述问题外，还为对数程序添加了一些常用的功能。

```c
#include <stdio.h>
#include <stdlib.h>
#include<windows.h>
#include<conio.h>
#include<time.h>
#define TIMELIMIT 400
int testSort() {
    //同comparison_script_v2中的内容，此处省略
}
void checkKeyboard() {
    if(_kbhit()) {
        getch();
        getch();
    }
}
int main() {

    int count = 1;
    clock_t start = 0, end = 0;
    clock_t spend = 0;
```

```
    system("echo. > TLE_data.in");  //对拍开始清空TLR_data.in文件
    while (1) {
        checkKeyboard();    //获取键盘输入,暂定或继续对拍
        system("random_generator.exe");
        start = clock();
        system("bubblesort.exe");
        end = clock();
        spend = end - start;  //算法处理输入数据的时间
        Sleep(500);             //对拍程序等待500ms
        if(testSort()) {

            if(spend > TIMELIMIT){
                //超时提示,对应输入数据送入TLE_data.in文件保存
                printf("Data %d Right Anwser.Time exceed %ld\n",count++, spend);
                system("type data.in >> TLE_data.in");
            }
            else{
                printf("Data %d Right Anwser.Spend time %ld\n", count++,spend);
            }
        } else {
                printf("data %d Wrong Anwser\n", count++);//发现Wrong数据,暂停
                system("type data.in");
                system("pause");
        }


    }
    return 0;
}
```

comparison_script_v3.c

（1）循环等待。可以通过Sleep函数让循环等待一段时间，避免重复比对。使用Sleep函数前加入头文件Windows.h，Sleep的参数为等待的毫秒数。

（2）按任意键暂停或继续对拍过程。包含头文件conio.h，使用_kbhit函数判断是否有按键按下，之后通过getch等待获取输入暂停或继续对拍过程。

（3）检测每组输入执行算法的时间。这里使用了clock函数，计算的是从它返回自程序启动开始处理器时钟所使用的时间，单位是ms，返回类型clock_t一般是long。对应的头文件为time.h。这里计算的时间只是定性描述算法程序的执行时间，和OJ服务器端的执行时间不一样，和本地当前系统环境相关。但是如果算法对于某些组输入的处理时间明显增加，或者算法整体处理时间明显过长，可以起到辅助提示的作用，对很多题目上传以后报TLE错误可以针对性地优化。这里设置了一个时限TIMELIMIT来演示效果，对于超时的输入存入TLE_data.in中查看。

执行该对拍程序的效果如图3.28所示。

```
Data 52 Right Anwser.Time exceed 417
Data 53 Right Anwser.Spend time 385
Data 54 Right Anwser.Spend time 369
Data 55 Right Anwser.Spend time 343
Data 56 Right Anwser.Spend time 341
Data 57 Right Anwser.Spend time 345
Data 58 Right Anwser.Spend time 353
Data 59 Right Anwser.Spend time 347
Data 60 Right Anwser.Spend time 331
Data 61 Right Anwser.Spend time 354
Data 62 Right Anwser.Spend time 350
Data 63 Right Anwser.Spend time 328
Data 64 Right Anwser.Spend time 345
data 65 Wrong Anwser
28
583 42 946 898 842 579 322 597 851 980 308 847 960 90 713 763 286 250 657 839 638 856 719 368 430 792 849 33
请按任意键继续. . .
```

图3.28　comparison_script_v3.exe执行效果

## 第四章

使用第三方库编写GUI程序

初学C语言的同学在经过一段时间的算法训练后可能会进入一段疲劳期。面对长期用来显示结果的控制台，难免会有疑问：难道C语言只能用来写算法题吗？他们偶尔也想开发一些"看得见摸得着"的带界面交互的应用或游戏。

但是除非出于验证和学习的目的或者需要开发的应用偏向硬件和底层，C语言很少用来直接做一些图形用户界面应用。后期同学们接触了其他编程语言（如C++、C#、Java）和框架（如Qt、Electron、MFC等），就会发现有一些编程语言更适合做这样的工作。但并不是用C语言做不到，其作为较早出现的高级编程语言，严格来讲，可以做几乎所有操纵计算机的工作。本章就为大家简单介绍在Windows平台下使用C语言进行窗体程序开发的方法，扩展一下大家的思路。

在编写简单的Windows窗体程序时会用到一些外部的图形库，所以我们先学习一些库的概念，练习基本用法。

第一节 动态库与静态库使用

初学编程的同学还没有接触过"库"的概念，不知道同学们有没有想过这样的问题：printf代码到底存在于哪里？是在stdio.h头文件里吗？在我们写的程序中，很自然地添加了标准输入输出的头文件。同学们在C语言后期的学习中也会学习自定义的头文件的写法，这些头文件往往指定了函数的原型，但出于作用域等原因，习惯上一般不包括实际定义的功能代码。

如果有一段代码的功能作为标准功能特别常用，会经常被不同的程序用到，那么如果每个程序在编译时都重新编译这段代码，则会极大地影响效率。这就涉及代码复用的概念。在实际编程过程中，一般不会从零开始实现所有功能，比如标准输入输出。一些具有一定功能的可以被其他程序重复使用的代码往往通过库的形式被复用，也就是很多人戏称的"轮子"概念。

这些库可以是自定义的功能库，也可以是语言自带的标准库。请同学们回想源代码经过编译链接生成可执行文件的过程（见图1.2），以CodeBlock为例，最终的可执行文件往往需要通过链接器将目标文件.o与标准库文件链接后才能生成。printf的具体功能代码已经被编译好后打包成标准库文件，在链接时被载入。

如果同学们下载的是CodeBlock20.03，MinGW的安装版，在安装文件夹里会找到MinGW文件夹，包含了CodeBlock使用的各种编译器组件。其中，bin文件夹下存放了GCC等编译器套件的执行程序。在路径<安装位置>\CodeBlocks\MinGW\x86_64-w64-mingw32下有两个文件夹——include和lib。如图4.1所示。里面存放的是MinGW实现的标准头文件和标准库文件。其中，printf就存放在libmsvcrt.a库文件之中。

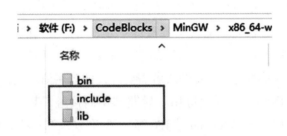

图4.1　CodeBlock中的MinGW目录

库在实际使用时分为两种：静态库及动态库。文件后缀与操作系统及编译器的具体实现有关，一般来讲，静态库的后缀为.a或.lib，动态库的后缀为.dll或.so。即使在相同的操作系统中，不同IDE（如VC、VS等）的具体设置方案也有所不同。这里仅就CodeBlock举例。

一、CodeBlock生成使用静态库

将目标文件.o与引用到的库在编译构建阶段链接到可执行文件的链接方式为静态链接，此时使用的库为静态库。形式上，静态库可以看作目标文件（.o或.obj）经过打包工具（Linux为ar，Windows为lib.exe）生成的集合，只不过还封装了一些索引信息。链接时生成的可执行文件包括了静态库的实际代码，并且在运行时完整地载入内容。如图4.2所示。

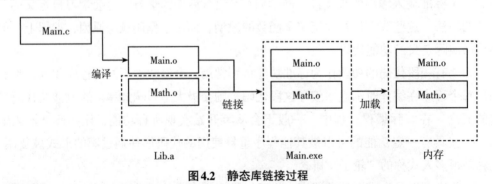

图4.2　静态库链接过程

这样，一些高度可复用的功能代码就能通过静态库的形式发布。使用时只需要

给出接口手册，调整IDE的链接设置即可。下面通过一个简单的实例练习一下在CodeBlock中创建静态库及使用的方法。

在创建工程时选择static library类型。如图4.3所示。

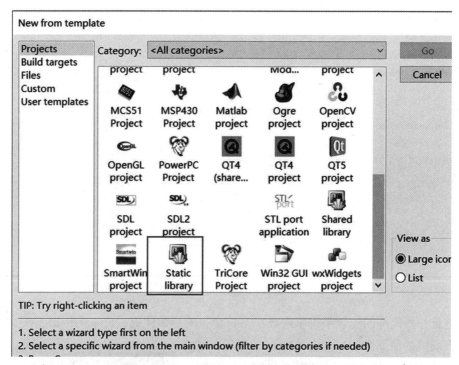

图4.3 CodeBlock创建静态库工程1

之后和创建Console Application工程一样，将工程命名为FirstStaticlib。如图4.4所示。

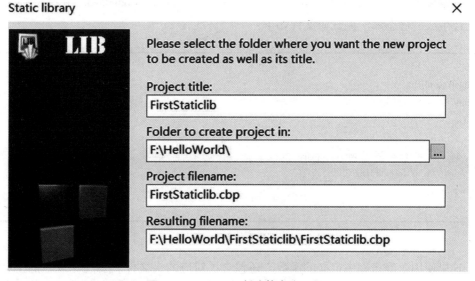

图4.4 CodeBlock创建静态库工程2

生成的工程内包含默认的main.c文件，移除该文件，新增源文件FirstStaticlib.c内容如下：

```
#include<stdio.h>
#include<string.h>
#include<ctype.h>
#include"FirstStaticlib.h"
int countStrDigital(char * str)
{
    int n=0,i;
    for(i=0; i<strlen(str); i++)
    {
        if(isdigit(str[i]))
        {
            n++;
        }
    }
    return n;
}
```

FirstStaticlib.c

这是一段简易的统计字符串内数字字符个数的函数代码，FirstStaticlib.h头文件包含了该函数的原型声明。点击"Build"以后，对应在工程文件夹下的bin目录里会找到生成的静态库文件libFirstStaticlib.a，自动在工程名后加了lib，并且以.a为后缀。如图4.5所示。

图4.5　CodeBlock创建静态库工程3

继续新建一个普通的Console工程，用来使用已经生成的静态库。测试源文件如下：

```
#include <stdio.h>
#include <stdlib.h>
#include "FirstStaticlib.h"
int main()
{
    char str[]="Hello. We have 15 apples. ";
    printf("%d\n",countStrDigital(str));
    return 0;
}
```

测试静态库的main.c

这里使用了静态库中定义的函数，还包含了对应的头文件。要想让现在的工程找到刚刚生成的自定义的静态库libFirstStaticlib.a，在Build前要添加该非标准库头文件的搜索路径。点击"Project"→"Build options"，选择图4.6中的"Search directories"→"Compiler"选项卡，这是工程中include时搜索的头文件所在路径。添加FirstStaticlib静态库工程的路径，里面包含了FirstStaticlib.h文件。

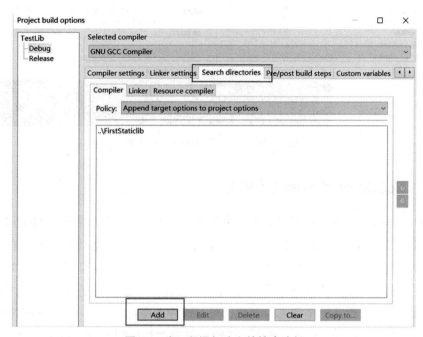

图4.6 为工程添加头文件搜索路径

同时，在"Linker setting"选项里指定要加载的静态库文件。如图4.7所示。请同学们注意确保全局的编译设置中没有如图2.49那样的额外的编译选项，添加完毕后点击"Build and Run"，程序运行结果正确。如图4.8所示。

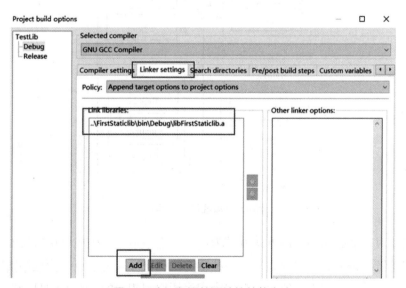

图4.7 为工程添加要链接的静态库

图4.8　使用静态库编译运行的结果

二、CodeBlock 动态库使用练习

与静态库相对的另一种库的形式为动态库。在平时安装使用各种软件时同学们也经常接触后缀为.dll 的文件，这就是 Windows 中的动态库。静态库由于在链接时就将实际的功能代码载入到可执行文件中，所以在程序使用时几乎不存在执行环境库依赖的问题。但是这种复用方式还存在其他问题。当有多个程序都复用到同一个静态库，硬盘上的可执行文件及程序载入内存执行时，该静态库存在多个备份，对内存和磁盘资源形成浪费。如图4.9所示。而且在后续更新发布新的版本时，可执行文件需要重新 Build，对于依赖关系相对复杂的工程，一个模块更新需要重新编译所有相关的模块。最后用户需要再次下载整个程序。

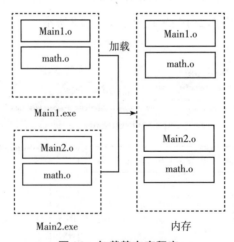

图4.9　加载静态库程序

与之相对，动态库的复用方式就较为灵活，它并不会在生成可执行文件时将实际的功能代码链接进去，而仅仅是复制一些重定位和符号表的信息，待程序实际加载运行时再进行链接，如图4.10所示。在多个程序调用到相同的动态库时只会在内存中保

留一份库的实例，不同进程可以通过共同的库共享资源，因此动态库也被称为共享库。如此，程序的功能模块耦合程度降低，在动态库模块更新时就不需要重新编译整个程序了，便于独立开发与测试。但程序的运行对库的依赖程度变高。很多同学想将自己编译好的程序发送到其他主机执行，点击运行时却报缺失 .dll 错误。这是因为编译时默认采用了动态链接库的形式，而新的执行环境里没有相应的动态链接库。

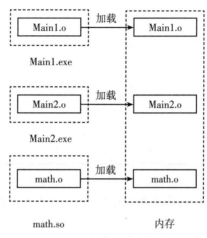

图 4.10 加载动态库程序

1. 动态库的创建

与创建静态库类似，在 CodeBlock 中创建动态库的方式是，首先建立动态链接库类型的工程，这里把它命名为 FirstDynlib。如图 4.11 所示。

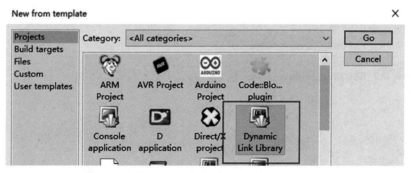

图 4.11 创建动态库工程

在工程中会默认带两个文件——main.cpp 文件及 main.h 文件，这里将自带的文件移除，建立自己的头文件和源文件——FirtDynlib.c 和 FirtDynlib.h。其中，FirtDynlib.c 还是实现之前 FirstStaticlib.c 中的计算字符串内数字字符个数的功能，只不过包含的头文件替换为 FirtDynlib.h。

```
#include "FirstDynlib.h"
#include<stdio.h>
#include<string.h>
#include<ctype.h>
// a sample exported function

int countStrDigital(char * str)
{
    int n=0,i;
    for(i=0; i<strlen(str); i++)
    {
        if(isdigit(str[i]))
        {
            n++;
        }
    }
    return n;
}
```

FirstDynlib.c

这里要注意的是，自建的头文件FirtDynlib.h按照工程默认生成的main.h文件改写，内容如下：

```
#ifndef FIRSTDYNLIB_H_INCLUDED
#define FIRSTDYNLIB_H_INCLUDED
#include <windows.h>

/*  To use this exported function of dll, include this header
 *   in your project。
 */

#ifdef BUILD_DLL
    #define DLL_EXPORT __declspec(dllexport)
#else
    #define DLL_EXPORT __declspec(dllimport)
#endif


#ifdef __cplusplus
extern "C"
{
#endif

int DLL_EXPORT  countStrDigital(char *);    //改写成自己的函数

#ifdef __cplusplus
}
#endif

#endif
```

FirstDynlib.h

看到上面的头文件后眼花缭乱，但同学们不用紧张，其实自定义修改的部分只是将原来 main.h 中的第 22 行声明函数接口的部分改写成自己写的函数 countStrDigital。如图 4.12 所示。

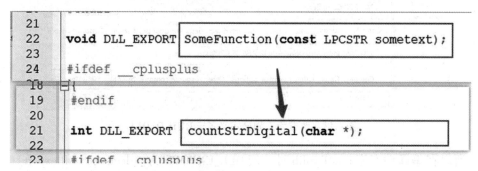

图4.12　FirstDynlib.h 中改写的接口

头文件中其他的预处理命令及作用简要介绍如下：

```
#ifndef FIRSTDYNLIB_H_INCLUDED
#define FIRSTDYNLIB_H_INCLUDED
○○○
#endif
```

该组预处理命令是常规的防止头文件被工程内其他文件重复包含的写法。

```
#ifdef BUILD_DLL
    #define DLL_EXPORT __declspec(dllexport)
#else
    #define DLL_EXPORT __declspec(dllimport)
#endif
```

该组指令定义了宏 DLL_EXPORT，涉及两个动态链接库的修饰符 __declspec（dllexport）及 __declspec（dllimport），它们在后续声明函数原型时使用。要想搞清楚它们的作用，首先要明确一个概念，编写动态链接库时所定义的函数有两种——导出函数（export function）和内部函数（internal function）。导出函数可以被其他程序使用，而内部函数在库内使用。这些导出函数要想被外部程序使用需要被导出，暴露给其他程序，dllexport 就提供这样的功能。而对应地，在外部程序使用库内的函数时，需要进行导入操作，方法就是在声明函数时用 dllimport 修饰。所以，虽然包含同样的头文件，dll 的开发者和使用者对功能函数声明时使用的修饰是不同的。此时就需要定义宏 BUILD_DLL 来区分它们。

在 CodeBlock 创建动态库工程时预定义了宏 BUILD_DLL。可以在"Project"→

"Build options"里看到，如图4.13所示。

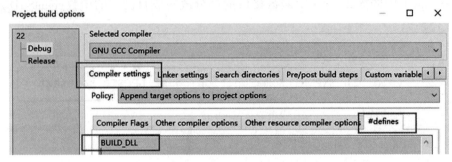

图4.13　动态库工程预定义了宏BUILD_DLL

所以在编译动态库FirstDynlib时，宏DLL_EXPORT为__declspec（dllexport），导出动态库中需要暴露的函数，也可以暴露类或其他数据类型。而使用该库时没有定义宏BUILD_DLL，所以预编译时宏DLL_EXPORT为__declspec（dllimport），进行导入操作。如此动态库的头文件便完成了接口的功能。

```
#ifdef __cplusplus
extern "C"
{
#endif

    。。。
#ifdef __cplusplus
}
#endif
```

这段预处理命令是希望在C++工程中也能使用C语言编译生成的动态库。之前编写代码时同学们可能也用过.cpp的C++源文件写C语言代码，编译运行也是没问题的。但C++因为支持函数重载机制，在编译时需要对函数的名字进行处理修饰，加入参数返回值类型等元素。而C语言编译时对函数名字不做处理。对于一个用C语言编译生成的动态库来说，导出的符号是C语言形式处理的。如果想在一个C++的工程内使用该动态库，需要在导入时保持相应的符号名字一致，否则会找不到动态库中的函数。__cplusplus为cpp中的自定义宏，上面的代码表示如果当前开发者使用C++源文件进行开发，会产生文本extern "C"

{ }。处于该代码块中的内容使用C语言规则进行编译。

点击"Build"以后，如果没有其他错误，在对应的bin目录里会产生三个文件：FirstDynlib.dll，libFirstDynlib.a，libFirstDynlib.def。如图4.14所示。除

图4.14　编译生成动态库

了 .dll 是我们所描述的动态链接库以外，为什么还有.a 文件呢？事实上，这个自动生成的静态链接库是用于导入动态链接库的导入库，里面包含了能够定位函数位置的地址符号表等信息，具体的功能代码还在.dll 里。有了它，我们在使用动态库时只需要按照头文件定义的函数原型使用即可。如果没有导入库，但还需要使用动态库，一般需要在代码内通过 LoadLibrary（动态库相对路径）显式指定要加载的动态库，通过 GetProcAddress（）获取动态库中相应函数的地址才能使用。

2. 动态库的使用

下面打开之前测试静态库时所使用的工程 Testlib 并做以下修改，以使用新生成的动态链接库完成编译。

变更要包含的头文件，代码里包含头文件改为 FirstDynlib.h。

```
#include <stdio.h>
#include <stdlib.h>
#include "FirstDynlib.h"          //包含动态库头文件
//#include"FirstStaticlib.h"
int main()
{
    char str[]="Hello. We have 15 apples. ";
    printf("%d\n",countStrDigital(str));
    return 0;
}
```

测试动态库的代码main.c

为了简化头文件搜索，这里直接将刚生成的 FirstDynlib.h 拷贝到 main.c 同一目录下，然后将 FirstDynlib.dll，libFirstDynlib.a 两个文件拷贝到可执行文件生成的目录下。如图4.15所示。

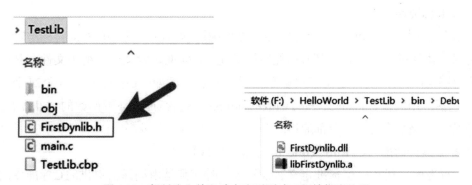

图4.15　复制头文件和动态库到测试工程的指定位置

同样，和指定加载静态库的方法一样，需要在"Project"→"Build options"→"Linker settings"选项里指定要加载的导入库文件。如图4.16所示。

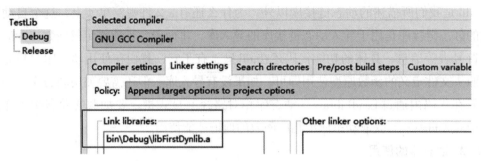

图4.16　链接选项加载libFirstDynlib.a

点击"Build and Run"成功编译运行了加载动态库的程序。如图4.17所示。

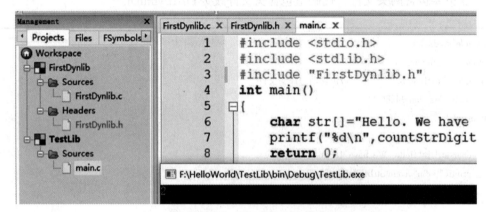

图4.17　编译运行使用动态库的测试工程

三、标准库、运行时库与操作系统API

了解了静态库与动态库的基本概念和用法后，让我们重新明确系统中与C库相关的一些概念。

1. C标准库

在第二章第六节里讨论了C语言标准的问题。实际上，完整的C语言标准除了包括C基本语法外，还应该包括C标准库的描述。C标准库定义了一组头文件，其中包括很多库函数的声明；定义了很多数据类型和宏。例如，C99标准库包含24个头文件，包括常用的包含malloc、rand函数的stdlib.h，包含sin、log等函数的math.h等。C标准库中的函数在各个平台都通用。

2. C运行时库（C Run Time library，CRT）

C标准库一般指一套标准定义，而C运行时库则是由编译器提供的C标准库的具体实现，与平台相关。除了实现堆操作（如malloc、free）、基本输入输出（如printf等）具体标准库函数外，C运行时库的一个重要基本功能在于对整个程序进行初始化，并加载入口函数main。crt还实现了包括除标准库外，与系统平台相关的一些功能库，典型的包括线程、图形窗口、网络、加密算法等库。所以，crt可以看作C标准库的超集。Linux下主要的运行库为glibc（GNU C library），Windows下主要为msvcrt（Microsoft Visual C Run time）。

编译器套件一般会提供C运行时库的静态库版和动态库版，使用静态库和动态库编译生成的可执行文件的差别在前文讨论过。以msvcrt为例，它的动态库为msvcrt.dll，静态库为libcmt.lib。每种库又分为debug、release及单线程、多线程版本，在编译时根据编译选项链接。

3. API（Application Programming Interface）

C运行时库的下一个层次，是操作系统提供给应用程序用来访问系统中不同资源的接口API，它是用来沟通操作系统核心和用户应用程序的桥梁。系统中的各种资源，如内存、磁盘等，是受到操作系统内核直接管理的，普通的应用程序不能直接访问。大家平时写的C语言代码使用C运行时库中的函数间接访问了这些资源，从这个角度来说，C运行时库更像是用户层面的API。C运行时库中的大部分功能，都是通过封装操作系统提供的系统级API同时加入缓存处理等一些特定算法实现的。而这些系统级API大多也遵从C语言格式定义，在进行系统级编程时可以使用。它们之间的关系如图4.18所示。

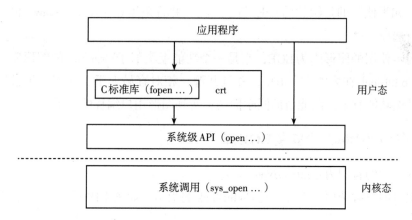

图4.18 C标准库、C运行时库与API的关系

至于系统级API的下一个层级，就是操作系统内核提供的系统调用了，它是真正运行在内核态的程序。API封装一个或多个系统调用，为用户应用程序提供服务。相关知识在操作系统课程中可以学到。至于一个标准的操作系统对外应该提供哪些API，感兴趣的同学可以继续了解一下POSIX（可移植操作系统接口）标准的相关内容。

第二节　使用图形库开发C语言应用

有了库的基础概念，下面介绍使用C语言尝试开发简单的GUI程序。这一般会用到一些现有的图形库。这些图形库封装了Windows API，提供了常用的窗体绘图、调用文件的接口。当然这些不在C标准库里，而是需要安装第三方的图形库。这些图形库各有特点，对编译环境有一些特定要求。一些专业的图形库比较复杂，不利于新人上手，使用时需要一些计算机图形学基础，比如OpenGL。SDL（Simple DirectMedia Layer）库是一个跨平台开源多媒体库，常用于2D游戏、播放器等媒体的应用开发，功能较为全面，但上手也需要一个学习过程。如果有的同学有C++基础，也可以用一些著名的GUI库来开发桌面GUI程序，例如Qt、MFC等，但这些库体量不小，学习成本也高。

功能比较简单的经典图形库是在Turbo C上使用的Graphics，一些旧教程采用它来介绍C语言图形编程。但它毕竟是DOS下的一个C语言图形库，不太适合现代编译工具环境。如果使用的是微软的IDE（VS、VC）并且采用C++开发，EasyX也是一个不错的入门选择。

本节内容使用的图形库为EGE，它是一个功能上类似于Graphics的图形库，但是支持包括CodeBlock在内的多种IDE，并且开源，相对容易上手，文档充足且持续更新维护，虽然功能有限，但能帮助同学们快速看到图形用户编程的效果。

一、在CodeBlock中安装EGE库

EGE图形库的官网为：https://xege.org/。
点击主页的下载选项，选择支持CodeBlock的版本。如图4.19所示。

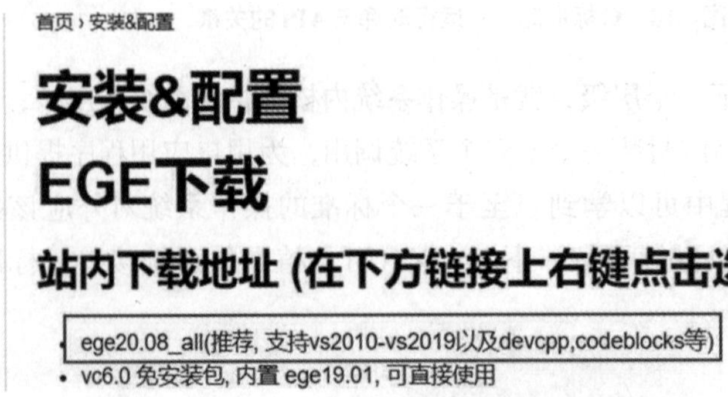

图4.19　EGE图形库下载

和上一节介绍的库的内容一样，要想在CodeBlock中使用第三方库，就需要让IDE在Build时找到头文件及静态库。EGE安装教程里给出的方法如下。

解压下载的压缩文件，在ege文件夹中找到include和lib文件夹。将lib文件夹中对应CodeBlock20.03的静态库复制到路径<CodeBlock安装位置>\CodeBlocks\MinGW\x86_64-w64-mingw32\lib里，这里同样是MinGW标准库的位置，如图4.20所示。

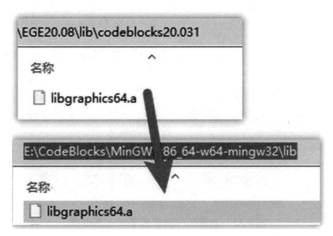

图4.20 复制ege的lib中的内容到CodeBlock

将该include中的头文件中的内容，ege文件夹，ege.h，graphics.h复制到CodeBlock中使用的MinGW的include里。注意，CodeBlock20.03的安装路径<CodeBlock安装位置>\CodeBlocks\MinGW\里的include和lib一般是用来存放第三方库和头文件的，但是这里直接把它们复制到了MinGW-w64的标准头文件里，路径为<CodeBlock安装位置>\CodeBlocks\MinGW\x86_64-w64-mingw32\include，这样就不用另行配置头文件搜索路径了。如图4.21所示。

配置完成后建立空工程ege_test测试一下EGE库，首先和上一节介绍加载自定义静态库的方式一样，我们也需要在此工程设置"Linker settings"选项里指定要加载的静态库。点击"Project"→"Build options"添加静态库。这里将以下

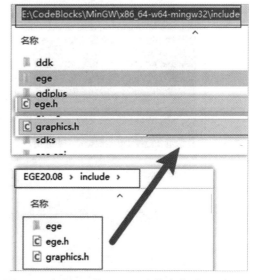

图4.21 复制ege的include中的内容到Codeblock

静态库直接录入即可：libgraphics64.a; libgdi32.a; libimm32.a; libmsimg32.a; libole32.a; liboleaut32.a; libwinmm.a; libuuid.a; libgdiplus.a。如图4.22所示。

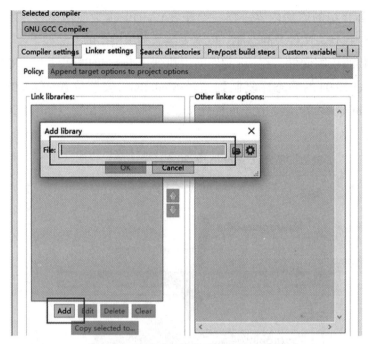

图4.22　设置工程链接选项加入图形库

　　添加后全选所有静态库，点击"Copy selected to …"，将工程生成target选项中的Debug和Release全部勾选，将静态库同样配置给它们。如图4.23所示。

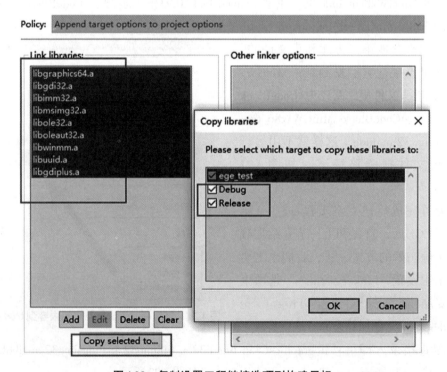

图4.23　复制设置工程链接选项到构建目标

配置完成，在工程中加入 ege_test.cpp 源文件。注意，这里一定要建立 C++ 的源文件，以便在里面写 C 语言程序。上节配置动态库里也讲到了在使用外部库时 C++ 和 C 语言的编译方式不同引起的问题。总之，因为 EGE 库是使用 C++ 编译生成的，所以新建的源文件要与其保持一致。

测试的源文件 ege_test.cpp 如下：

```cpp
#include<graphics.h>
using namespace ege;
int main()
{
    initgraph(1024,480);//创建窗口
    getch();//等待输入、为了保持窗口显示
    closegraph();//关闭窗口
    return 0;
}
```

ege_test_v1.cpp

源文件中在外部添加了 C++ 中命名空间的一条语句，即 using namespace ege。否则，鼠标悬停在函数上时，函数的原型会不显示，也不会有智能补全，这对在初期使用不熟悉的外部库进行编程非常不便。加入命名空间后鼠标悬停时的效果如下，可以清晰查看各种库函数的格式用法。图 4.24 中展示了 initgraph 函数的几种重载形式，这是 C++ 中的概念，同样的函数名有不同形式的使用方式。

```
initgraph(1024,480);//创建窗口
ini main::initgraph
void ege::initgraph(int Width, int Height)
void ege::initgraph(int Width, int Height, int Flag)
void ege::initgraph(int* gdriver, int* gmode, const char* path)
```

图4.24　initgraph 函数的重载形式

该测试程序建立了一个尺寸为 1024×480 像素的窗体，按任意键后关闭。点击 "Build and Run"，会看到除了一个创建的黑色窗体正在运行外，还有控制台的黑色界面。对于黑色的控制台界面，同学们再熟悉不过了，在大量练习算法题目的过程中，所有输入输出字符的操作都在那里进行。而 GUI 程序中的窗体更像由一个个像素点组成的画布。二者并不矛盾，甚至可以通过在控制台输入信息控制窗体上每个像素的行为。但日常所使用的 GUI 程序大部分是没有控制台的，可以在 CodeBlock 中设置构建目标来关闭控制台，方法如下。

通过 "Project" → "Properties"，将 "Build targets" 设置成 GUI，如图 4.25 所示。然后重新编译运行工程，就会保留窗体而关闭控制台。

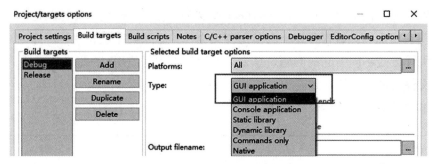

图4.25　修改工程构建目标类型

为了每次新建工程时避免重复配置上述过程，可以将该工程存储为一个新的工程模板，选择"File"→"Save project as template…"，在弹出的对话框中输入模板的名称。这里临时将使用EGE库类型的工程命名为ege_test。之后，再次想建立EGE的GUI工程时选择该模板即可。如图4.26所示。

图4.26　使用EGE库的工程模板

EGE图形库的官网上存放了丰富的使用EGE库进行GUI编程的入门教程。

新手入门：https://xege.org/beginner-lesson-2.html。

教程：https://blog.csdn.net/qq_39151563/category_9311717_2.html。

入门基础示例：https://xege.org/manual/tutorial/index.htm。

下面结合一些demo（样例）来介绍一些GUI开发中的通用知识。

二、第一个程序——绘制图形文字

现在，让我们修改测试文件ege_test.cpp，尝试绘制出如图4.27所示的图形。

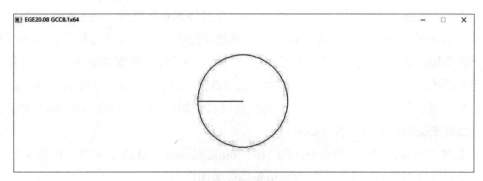

图4.27　居中显示圆环

整个窗体设置为白色背景，在窗体正中心绘制圆，并用线标出了它的半径。对应的代码为ege_test_v1.cpp。

```cpp
#include<graphics.h>
using namespace ege;
int main()
{

    initgraph(1024,480);//创建窗口
    setbkcolor(EGERGB(0xFF, 0xFF, 0xFF));//设置背景色
    setcolor(EGERGB(0xFF, 0x0, 0x0));
    circle(512, 240, 100);
    setcolor(BLUE);
    line(412,240,512,240);
    getch();//等待输入，为了保持窗口显示
    closegraph();//关闭窗口
    return 0;

}
```

ege_test_v1.cpp

通过该样例介绍图形程序最为基础的三个概念：像素颜色、窗体坐标和库函数用法查询。

1. 像素的颜色表示

设置背景色的函数为setbcolor，接受的参数为宏EGERGB返回的值，颜色值的经典表达方式为R（red，红），G（green，绿），B（blue，蓝）三个分量，每个分量的取值范围为0~255，对应的十六进制表达方式为0~0xFF，值越大，代表对应分量颜色的亮度越大，如图4.28所示。这三个分量共同决定了窗体中像素的颜色。查看EGERGB的声明可以看到具体的计算方式，其中EGERGBA中的a参数代表透明度，在EGERGB中默认为不透明。也就是说，本质上颜色值为按照RGBA的顺序排布的unsigned int。

```
#define EGERGBA(r, g, b, a)    ( ((r)<<16) | ((g)<<8) | (b) | ((a)<<24) )
#define EGERGB(r, g, b)        EGERGBA(r, g, b, 0xFF)
```

图4.28 颜色值表达方式

在EGE中还有其他设置颜色的函数，如setcolor函数，用来设置前景的绘制颜色。在绘制直线前直接传入了一个BLUE，转到声明可以看到，一些特定的颜色已经枚举声明。如图4.29所示。

```
// 颜色
enum COLORS {
    BLACK          = EGERGB(0,    0,    0),
    BLUE           = EGERGB(0,    0,    0xA8),
    GREEN          = EGERGB(0,    0xA8, 0),
    CYAN           = EGERGB(0,    0xA8, 0xA8),
    RED            = EGERGB(0xA8, 0,    0),
    MAGENTA        = EGERGB(0xA8, 0,    0xA8),
    BROWN          = EGERGB(0xA8, 0xA8, 0),
    LIGHTGRAY      = EGERGB(0xA8, 0xA8, 0xA8),
    DARKGRAY       = EGERGB(0x54, 0x54, 0x54),
    LIGHTBLUE      = EGERGB(0x54, 0x54, 0xFC),
    LIGHTGREEN     = EGERGB(0x54, 0xFC, 0x54),
    LIGHTCYAN      = EGERGB(0x54, 0xFC, 0xFC),
    LIGHTRED       = EGERGB(0xFC, 0x54, 0x54),
    LIGHTMAGENTA   = EGERGB(0xFC, 0x54, 0xFC),
    YELLOW         = EGERGB(0xFC, 0xFC, 0x54),
    WHITE          = EGERGB(0xFC, 0xFC, 0xFC),
};
```

图4.29　EGE中的COLORS枚举

除了 RGB 外，其他颜色表示方式还有 HSV，HSL。详见教程 https://xege.org/beginner-lesson-3.html。

整个窗体中，没有内容部分的颜色为背景色，默认为黑色；绘制图形以后填充的颜色为填充色；绘制内容（如文字、线条等）的颜色为前景色。如图 4.30 所示。

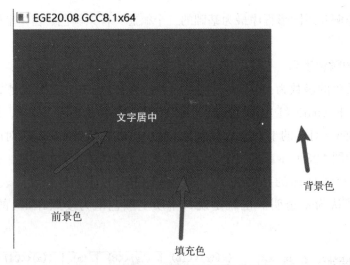

图4.30　前景色、背景色及填充色示意

2. 窗体的坐标

circle 函数接收圆心坐标和半径为参数绘制圆，此处的坐标为窗体坐标，通过它可以定位窗体上的每个像素。坐标的原点（0，0）在整个绘图区域的左上角，X 轴正向水平向右，Y 轴正向垂直向下，如图 4.31 所示。

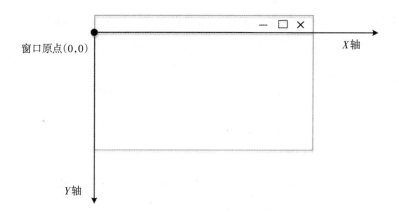

图4.31 窗体坐标示意

line 函数接收起点和终端的坐标为参数，绘制直线。整个绘图过程就是将窗口当作一个画布，设置好背景色、前景色、填充色以后就可以进行绘制了。

3. 库函数用法查询

使用了第三方图形库以后，陌生的函数相继出现。对于每一个新接触的函数，都需要明确它的具体用法，这需要查询该库的官方文档或通过查询其声明的头文件来确认。EGE 库函数文档地址如下：

https://xege.org/manual/api/index.htm

现在结合 EGE 官网入门基础示例中文字绘制与文字相关设置的代码来尝试绘制一个矩形，起始位置（0，0），长300像素，宽200像素，并居中显示透明背景的文字，为后续制作按钮做准备。下面的代码接 ege_test_v1.cpp，先居中显示一个矩形。此处新增了 cleardevice，setfillcolor，getwidth 等函数，可以查询库函数文档明确它们的具体用法。

```cpp
#include<graphics.h>
using namespace ege;
int main()
{
//与 ege_test_v1.cpp 相同部分代码省略
    //矩形显示
    setfillcolor(EGERGB(0x0, 0x80, 0x80));
    setbkmode(TRANSPARENT);
    int rectWidth=300,rectHeight=200;
bar(0,0,rectWidth,rectHeight);
    return 0;
}
```

ege_test_v2.cpp

接下来显示文字并居中，显示文字前需要设置文字颜色函数setcolor，设置文字大小字体函数 setfont，设置文字背景样式函数 setbmode。负责显示文字的函数有outtextxy，xyprintf居中显示文字时需要获取文字长度、高度等的函数，请同学们自行在EGE分类函数库文档里搜索它们的用法，在矩形中做出居中的文字，其效果如图4.30所示。

三、读入显示图片操作

在编写GUI程序时，读取已有的图片用作窗口背景是较为常见的需求。让我们先从图片网站（如https://www.pexels.com/zh-cn/）获取一些图片素材。

首先确保手头测试的图片文件为.jpg格式。为了方便在工程中找到图片文件，这里直接将图片放入工程所在的文件夹中。

请注意此时图片的分辨率（见图4.32）。

图像	
图像 ID	
分辨率	3858 x 5787
宽度	3858 像素
高度	5787 像素

图4.32　要加载的图片的分辨率

读取图片，显示的基本代码如下：

```cpp
#include<graphics.h>
using namespace ege;
int main(void)
{
    initgraph(640,480,INIT_RENDERMANUAL | INIT_NOFORCEEXIT); //手动渲染
    PIMAGE img;//定义图片指针
    img=newimage();//创建图片存储空间 动态内存
    bool flag=getimage(img,"sky.jpg");//获取图像
    if(! flag)
    {
        putimage(0,0,img);//在窗口输出图像
        delimage(img);//释放图片所在内存
    }

    getch();
    closegraph();
    return 0;
}
```

ege_image1.cpp

这里用到了一些图片相关的 EGE 库函数，getimage 的第二个参数需要传入可以定位到图像的绝对或相对路径，读取成功返回 0。putimage 有多种用法，这里默认为从（0，0）位置开始在窗口绘制图片。该图片的分辨率为 3858×5787，而窗口开辟的分辨率为 640×480。这肯定是不匹配的，窗口实际显示的是图片的左上角。如图 4.33 所示。

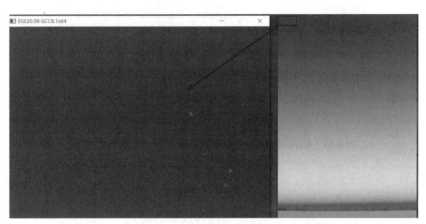

图 4.33 窗体分辨率与原始图片不匹配

下面的代码为缩放图片适应窗口。

```cpp
#include<graphics.h>
using namespace ege;
int main(void)
{
    int scrWidth=640;
    int scrHeight=480;
    initgraph(scrWidth,480,INIT_RENDERMANUAL | INIT_NOFORCEEXIT);//手动渲染
    PIMAGE img;//定义图片指针
    img=newimage();//创建图片存储空间 动态内存
    bool flag=getimage(img,"sky.jpg");//获取图像
    if(! flag)
    {

        PIMAGE tempImage = newimage(scrWidth, scrHeight);//另开辟一个指定尺寸的临时图像
        putimage(tempImage, 0, 0, scrWidth, scrHeight,
                    img, 0, 0, getwidth(img), getheight(img));//将图像拉伸绘制到指定图像
        delimage(img);//释放原图像
        img = tempImage;
        putimage(0,0,img);//在窗口输出图像
        delimage(img);//释放图片所在内存
    }
    getch();
    closegraph();
    return 0;
}
```

ege_image2.cpp

这里用到了putimage的另一种重载形式，EGE官方中给出的用法如图4.34所示，可以实现缩放图片的效果。本质上该库函数的功能为从原图像绘制到目标图像，窗口也可以看作图像。

```
// 绘制图像到另一图像(拉伸)
void putimage(
    PIMAGE pDstImg,              // 目标 IMAGE 对象指针
    int dstX,                    // 绘制位置的 x 坐标
    int dstY,                    // 绘制位置的 y 坐标
    int dstWidth,                // 绘制的宽度
    int dstHeight,               // 绘制的高度
    PIMAGE pSrcImg,              // 源 IMAGE 对象指针
    int srcX,                    // 绘制内容在源 IMAGE 对象中的左上角 x 坐标
    int srcY,                    // 绘制内容在源 IMAGE 对象中的左上角 y 坐标
    int srcWidth,                // 绘制内容在源 IMAGE 对象中的宽度
    int srcHeight,               // 绘制内容在源 IMAGE 对象中的高度
    DWORD dwRop = SRCCOPY        // 三元光栅操作码（详见备注）
);
```

图4.34　EGE中putimage绘制图像到另一个图像的用法

这里的一个常见问题是：后期同学们开发完成了GUI程序希望发给其他人用时，需要将背景用到的图片文件一起发送过去，否则在程序运行时图片加载不到。但这显然是很麻烦的。此时最好将图片文件作为程序的数据部分一起编译到最终的执行文件里，这就需要设置资源文件。在工程中新建空文件，将其命名为images，后缀改写为.rc，加入工程。在images.rc里按照资源名、资源类型、资源路径的格式编辑。此时再使用getimage载入图片时的格式为：

getimage（img, "JPG", "BG_IMAGE"）；

这样，不用打包发送图片文件，直接运行生成的可执行文件就可以了。如图4.35所示。

图4.35　在工程中加入资源描述文件

四、鼠标点击效果

获取鼠标的各类操作信息并做出事件反馈是GUI的基础，其中的重点就是获取鼠标在窗口特定区域点击的信息，也就是按钮的效果。EGE中没有直接的按钮控件供使用，让我们先尝试将之前绘制的带居中文字的矩形居中显示在有图片背景的窗口上作为按钮。

按钮的定义放在 global.h 头文件中,这里存放了它的位置、是否被点击、标题信息。

```cpp
#ifndef GLOBAL_H_INCLUDED
#define GLOBAL_H_INCLUDED
typedef struct
{
    int left;
    int top;
    int right;
    int bottom;
    const char * title;
    bool pressed;
} Button;

const int BUTTON_WIDTH=180;
const int BUTTON_HEIGHT=60;
#endif // GLOBAL_H_INCLUDED
```

global.h

下面将之前练习过的图片、文字显示等 demo 综合起来,在窗体中显示一个按钮。效果如图 4.36 所示。

图 4.36　在窗体中绘制一个居中的按钮

对应的代码如下：

```cpp
#include<graphics.h>
#include"global.h"
using namespace ege;
void showScrBgImage(PIMAGE img,int scrWidth,int scrHeight)
{
    bool flag=getimage(img,"JPG","BG_IMAGE");//获取图像
    if(!flag)
    {
        PIMAGE tempImage = newimage(scrWidth, scrHeight);//另开辟一个指定尺寸的临时图像
        putimage(tempImage, 0, 0, scrWidth, scrHeight,
                img, 0, 0, getwidth(img), getheight(img));//将图像拉伸绘制到指定图像
        delimage(img);//释放原图像
        img = tempImage;
        putimage(0,0,img);//在窗口输出图像
        delimage(img);//释放图片所在内存
    }
}
void Drawbutton(Button   button1)
{
    if(!  button1.pressed)
    {
        setfillcolor(EGERGB(232, 231, 236));
    }
    else
    {
        setfillcolor(EGERGB(255, 0, 0));
    }
    bar(button1.left,button1.top,button1.right,button1.bottom);
    //居中显示按钮文字
    setfont(15, 0, "宋体");
    setbkmode(TRANSPARENT);
    setcolor(BLACK);
    int strX=(BUTTON_WIDTH-textwidth(button1.title))/2;
    int strY=(BUTTON_HEIGHT-textheight(button1.title))/2;
    outtextxy(button1.left+strX,button1.top+strY,button1.title);
}
int main(void)
{
    int scrWidth=640;
    int scrHeight=480;
    initgraph(scrWidth,480,INIT_RENDERMANUAL | INIT_NOFORCEEXIT); //手动渲染
    PIMAGE img;//定义图片指针
    img=newimage();//创建图片存储空间 动态内存
    showScrBgImage(img,scrWidth,scrHeight);//绘制窗口背景图片
    Button button1=
```

```
    {
        (scrWidth-BUTTON_WIDTH)/2,
        (scrHeight-BUTTON_HEIGHT)/2,
        (scrWidth-BUTTON_WIDTH)/2+BUTTON_WIDTH,
        (scrHeight-BUTTON_HEIGHT)/2+BUTTON_HEIGHT,
        "按钮1",
        false
    };
    Drawbutton(button1);
    getch();
    closegraph();
    return 0;
}
```

ege_image_mouse1.cpp

　　将绘制背景和 Button 的功能封装成两个函数 showScrBgImage 和 Drawbutton ，在 main 函数中依次绘制它们。此时该窗口尚没有接受任何鼠标消息的代码。

　　EGE 官网教程给出的处理鼠标点击事件的基本框架如下：

```
bool click;
int x,y //鼠标点击位置
for ( ; is_run(); delay_fps(60)) //帧循环
{
    click=false; //清空点击标识
    mouse_msg msg = {0}; //初始化鼠标消息结构体
    while (mousemsg()) //如果点击移动等鼠标事件发生
    {
        msg = getmouse();//循环不停收集鼠标产生的消息到msg当中
        if(msg.is_left()&&msg.is_down())//鼠标左键点击
        {
            click=true;
            x=msg.x;
            y=msg.y;
        }
    }
    f(click)
    {
        //执行点击后的一些操作
    }
}
```

　　关于这部分代码，有以下几点需要说明。

　　（1）for 循环里的写法是 EGE 循环输出图像帧的写法。有关帧的具体概念，同学们可以自行搜索显卡显示图像的一些原理。简单来说，一般游戏类的动态效果都是先绘制好图像，再将绘制好的图像通过显卡设备发送到屏幕。每秒发送图像的速率就是帧率。在使用初始化窗口initgraph()时传入INIT_RENDERMANUAL参数，窗口变成手动渲染模式，此时EGE中绘制好的图像首先在EGE缓存里不发送，遇到delay_fps(60)这样的函数才发送。这里的帧率为60帧/秒，也就是循环间隔的时间。

（2）mouse_msg结构内存储了鼠标每次动作的所有信息，具体可以通过库说明文档查看。mousemsg函数判断鼠标是否产生新的动作，getmouse函数获取鼠标动作信息传递给msg。这里使用了while循环（而不是if）收集鼠标的动作信息，因为鼠标在窗体运动时产生的新动作消息大约为每秒150个，每次循环控制的帧率为60。如果使用if的话，每次循环只收集一次鼠标动作，那么一多半的鼠标动作都会收集不到，有可能出现不响应鼠标动作的情况。

（3）在while循环内判断鼠标点击事件发生后，用标志click收集，在while循环外再执行鼠标点击的后续动作。这是因为鼠标产生新动作信息的速度很快，并且新的mouse_msg会快速覆盖之前的信息。如果在鼠标点击后鼠标轻微移动，那么鼠标最新的动作信息里只有移动没有点击，曾经点击的信号就会漏掉。

有了这个框架，就可以继续完成后续代码，实现鼠标点击Button变色的功能了。

```
bool insideButton(Button * pButton,int x,int y)//判断点击位置是否在矩形里
{
    return (x>=(pButton->left))&&
        (y>=(pButton->top))&&
        (x<(pButton->right))&&
        (y<(pButton->bottom));
}
int main(void)
{
    /*
    *   上面显示图片按钮的代码省略,在ege_image_mouse1里
    */
    bool redraw;
    for ( ; is_run(); delay_fps(60)) //帧循环
    {
        redraw=false; //清空点击标识
        mouse_msg msg = {0}; //初始化鼠标消息结构体
        while (mousemsg()) //如果点击移动等鼠标事件发生
        {
            msg = getmouse();//循环不停收集鼠标产生的消息到msg当中
            if(msg.is_left())
```

```
            {
                if(msg.is_down()) //判断左键按下
                {
                    if(insideButton(&button1,msg.x,msg.y))
                    {
                        redraw=true; //设置按钮需要重绘
                        button1.pressed=true;//设置鼠标按压状态为true
                    }
                }
                else //判断左键抬起
                {
                    if(button1.pressed)
                    {
                        redraw=true;
                        button1.pressed=false;
                    }
                }
            }
        if(redraw)
        {
            Drawbutton(button1); //重绘按钮颜色 达到点击的效果
        }
    }
}
```

ege_image_mouse2.cpp

这里注意获取到左键按下和抬起后，需要分别设置button1的选中状态及是否需要重绘，绘图函数根据button1的pressed标志绘制不同按钮的颜色，实现鼠标点击变色的效果。

五、文本输入

让我们继续尝试在窗口通过输入框接收文本数据。输入框在EGE中有专属的sys_edit类来定义输入框，需要包含头文件sys_edit.h。在配置CodeBlock时直接将EGE库相关的头文件放在标准库的文件夹路径里，其中包含了ege文件夹和sys_edit.h，所以使用时需要以下预编译命令：

#include<ege/sys_edit.h>

如果同学们还没有类和对象的概念，这里可以把它简单对应理解为结构体及其声明的变量，只不过类中除了数据，还多了可以操作的函数，它们都可以通过成员操作符来访问。建立并初始化一个文本框的方式如下：

```cpp
#include<graphics.h>
#include <ege/sys_edit.h>
using namespace ege;
void initEditBox(sys_edit * peditBox,int x,int y,int fontsize)
{
    int height=fontsize+10;
    int width=fontsize*10;
    peditBox->create(false);  //创建输入框,false单行
    peditBox->size(width,height);  //位置尺寸
    peditBox->move(x,y);
    peditBox->setfont(fontsize,0,"宋体");//字体颜色
    peditBox->setcolor(BLACK);
    peditBox->setbgcolor(WHITE);
    peditBox->setmaxlen(10);  //输入限制
    peditBox->visible(true);

}
int main(void)
{
    initgraph(640,480,INIT_RENDERMANUAL | INIT_NOFORCEEXIT);  //手动渲染
    setbkcolor(EGERGB(204, 232, 207));

    sys_edit editBox;   //建立输入框对象
    initEditBox(&editBox,(640-15*15)/2,100,15);  //对其初始化
    //创建缓存准备接受输入框的内容
    char str[100] = "";
    int strLen = 0;

    for (; is_run(); delay_fps(60)) {
        //获取鼠标点击事件
        //读取输入框内容
        //向窗口输出刚才读取的内容
    }
    getch();
    closegraph();
    return 0;
}
```

ege_input.cpp

建立sys_edit对象以后要进行背景字体颜色、显示、尺寸等一些初始化设置，调整为可视状态以后就可以使用了。这里创建了一个居中显示的文本框，其运行结果如图4.37所示。

图4.37 在窗体中创建一个居中的文本框

下面结合ege_image_mouse2.cpp中的代码，实现以下功能：在之前做过的窗口按钮下面添加一个输入框，输入框中输入内容后，点击按钮，鼠标抬起时输入框文本显示在其他文本区域。

```cpp
int main(void)
{
    /*
     *  显示图片按钮的代码省略,在ege_image_mouse2里
     */
    sys_edit editBox;   //建立输入框对象
    initEditBox(&editBox,button1.left,
                button1.top+BUTTON_HEIGHT+10,15);  //对输入框初始化

    //显示提示文本
    char title[]="请输入成绩:";
    outtextxy(editBox.getx()-textwidth(title)-2,editBox.gety()+7,title);
    char title2[]="结果:";
    outtextxy(editBox.getx()-textwidth(title2)-2,editBox.gety()+editBox.height()+textheight(title2),title2);

    //创建缓存准备接受输入框的内容
    char str[100] = "";
    int strLen = 0;

    bool redraw;
    //鼠标抬起 获取输入框内容标识
    bool getStr;
    int score=0;
    for ( ; is_run(); delay_fps(60)) //帧循环
    {
        redraw=false; //清空点击标识
        getStr=false;
```

```
        mouse_msg msg = {0}; //初始化鼠标消息结构体
        while (mousemsg()) //如果点击移动等鼠标事件发生
        {
            msg = getmouse(); //循环不停收集鼠标产生的消息到msg当中
            if(msg.is_left())
            {
                if(msg.is_down())
                {
                    if(insideButton(&button1,msg.x,msg.y))
                    {
                        redraw=true;
                        button1.pressed=true;
                    }
                }
                else
                {
                    if(button1.pressed)
                    {
                        redraw=true;
                        button1.pressed=false;
                        getStr=true;   //鼠标抬起  获取输入框内容flag
                    }
                }
            }
        }
        if(redraw)
        {
Drawbutton(button1);
        }
        if(getStr)
        {
            //点击后从输入框获取字符串
            editBox.gettext(100, str);
            if(sscanf(str,"%d",&score)==1)
            {
                xyprintf(editBox.getx(),
                        editBox.gety()
                        +editBox.height()
                        +textheight(title2),"%d",score);
            }
        }
    }
    getch();
    closegraph();
    return 0;
}
```

ege_image_mouse3.cpp

结合上一小节鼠标抬起后需要做的动作，新增了获取输入框内容的标志getStr，从输入框中获取字符串的方法为gettext()。这里获取了数字文本，将其通过格式化输入赋值给指定变量的函数为sscanf，它读取格式化输入的方式与scanf用法一样，只不过输入来源不是控制台的标准输入，而是由第一个参数指定。注意使用时要加入 stdio.h 头文件。执行结果如图 4.38 所示。

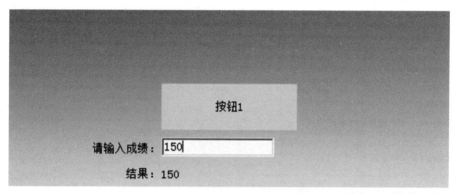

图 4.38　点击按钮获取文本框输入并显示

本部分做的几个有针对性的 EGE 基础练习是为我们在第二章构建的学生管理系统增加一个简单的窗口界面做准备的。EGE 图形库内容还有很多，如键盘输入、音频处理等，在其官网上也有很多样例，感兴趣的同学可以继续挖掘其中的内容。

第三节　将学生管理系统改造为 GUI

在第二章第四节中，同学们用多文件初步完成了 Console 版本的学生管理系统。有了本章第二节中几个 demo 的基础，此时可以尝试将它改造成具有图形用户界面的版本。相信同学们都有一些自己的代码规划和想法。纯粹的 C 语言目前是面向过程的语言，而绘制界面过程中不可避免地要用到面向对象的一些思想。这里给出的样例初步提供一种展示、跳转页面的效果，代码中包含了详细注释，仅供同学们参考。

和熟悉 EGE 库的使用过程一样，可以尝试将学生管理系统的首页菜单用 Button 在窗体上展示出来，定义全局的一些数据类型放在头文件 global.h 中。

```
#ifndef GLOBAL_H_INCLUDED
#define GLOBAL_H_INCLUDED
#include<ege/sys_edit.h>
/*
*   Page  and  PageELements
*/
using  namespace  ege;
typedef  enum{
```

```
    PAGE_MENU=0,
    PAGE_INPUT,
}PageSelect; //当前页面

typedef struct{
    int left;
    int top;
    int right;
    int bottom;
}PageElement;    //描述页面元素的位置

typedef struct
{
    PageElement baseElement;
    const char * str;
}Label;                    //页面中的用于展示文本的标签

typedef struct
{
    PageElement baseElement;
    Label title;
    bool pressed;
} Button;                  //按钮元素,包含了位置,标签及是否点击信息

typedef struct{
    Button * buttons;
    int buttonSelected; //此时页面上只有一组按钮元素及哪个按钮被选择的编号
}Page;

typedef struct{
    bool buttonRedraw;
    bool pageChange;
}ReactionClick;   //鼠标点击反馈效果,这里由按钮变色和切换页面
/*
*   下面是描述页面元素的一些属性,具体在global.c中定义
*/

//窗口相关参数
extern const int SCR_WIDTH,SCR_HEIGHT;



//PAGE_MENU 里的MENU 位置
extern const int MENU_TOP;
extern const int MENU_ITEM_SPACE;
```

```
extern const int MENU_LEFT;
extern const char * BUTTON_MENU_TITLE[];
//每个页面的 button 尺寸
extern const int BUTTON_WIDTH[];
extern const int BUTTON_HEIGH[];

//每个页面的 Button 数
extern const int PAGE_BUTTON_NUM[];

//颜色相关
extern const color_t BG_COL;
extern const color_t MENU_BUTTON_STATE1;
extern const color_t MENU_BUTTON_STATE2;

extern Page pages[];
extern PageSelect pageCur;
#endif // GLOBAL_H_INCLUDED
```

global.h

此时头文件中描述单个页面的数据结构 Page 只包含了当前页面的按钮 buttons 及选中的按钮序号 buttonSelected。自定义的按钮类型 Button 包含了按钮的位置、选中状态及按钮的标题。暂时用枚举变量的值对应主页和录入信息页两个页面 PAGE_MENU，PAGE_INPUT。一些初始常量的设置放在 global.cpp 文件中。

```
#include<graphics.h>
#include "global.h"
using namespace ege;

#define PAGE_MENU_BUTTONS_NUM 7 //首页有多少 button
#define PAGE_INPUT_BUTTONS_NUM 0

const int PAGE_NUM=2; //系统中的页面数量
//每个页面的元素数
const    int    PAGE_BUTTON_NUM  [PAGE_NUM] ={PAGE_MENU_BUTTONS_NUM,  PAGE_INPUT_BUT-
TONS_NUM};

//每个页面的 button 尺寸
const int BUTTON_WIDTH[PAGE_NUM]={180,180};
const int BUTTON_HEIGH[PAGE_NUM]={60,40};
//PAGE_MENU 里 Button 中的标题
```

```
const char * BUTTON_MENU_TITLE[PAGE_MENU_BUTTONS_NUM]={"请输入学生信息",
                                                        "查看学生信息",
                                                        "保存学生信息",
                                                        "读取学生信息"};
//PAGE_MENU 里的MENU 位置,MENU为页面中所有元素的总体布局
const int MENU_TOP=60;
const int MENU_ITEM_SPACE=2;



//窗口相关参数
const  int  SCR_WIDTH=640,  SCR_HEIGHT=PAGE_BUTTON_NUM [PAGE_MENU] *BUTTON_HEIGH
[PAGE_MENU]+MENU_TOP+60;


const int MENU_LEFT=(SCR_WIDTH−BUTTON_WIDTH[PAGE_MENU])/2;

//颜色相关
const color_t BG_COL = WHITE;
const color_t MENU_BUTTON_STATE1=EGERGB(232, 231, 236);
const color_t MENU_BUTTON_STATE2=EGERGB(255, 0, 0);

//所有页面
Page pages[PAGE_NUM];
//当前页面
PageSelect pageCur;
```

global.cpp

　　global.cpp里除了保存一些页面元素的位置信息、颜色信息等常量外，使用全局数组 pages 和全局枚举变量 pageCur 代表页面信息。PAGE_MENU 页面里有 7 个 Button，PAGE_INPUT 里 Button 数为 0。整体窗体的执行流程如下所示。

```
int main(void)
{
    initgraph(SCR_WIDTH,SCR_HEIGHT,INIT_RENDERMANUAL | INIT_NOFORCEEXIT); //手动渲染
    initALLPage(); //初始化所有页面及页面中的元素
    pageCur=PAGE_MENU; //设置当前页为主菜单页
    drawCurPage(); //绘制当前页
    ReactionClick clickReaction= {false}; //初始化鼠标点击后触发事件标识
    for (; is_run(); delay_fps(60))
    {
        clickReaction= {false,false}; //每次帧循环初始化 clickReaction
        mouseOpePage(&clickReaction); //获取鼠标操作后的触发事件标识
        if(clickReaction.buttonRedraw) //重绘按钮展示点击按钮效果
```

```
            }
        int  buttonNum=pages[pageCur]。buttonSelected;
        drawButton(buttonNum);
        delay_ms(0);//将EGE中缓冲的帧输出 看到鼠标回弹的效果
        }
        if(clickReaction.pageChange)
        {
            changePage(); //根据选择的菜单按钮切换界面
        }
    }
    getch();
    closegraph();
    return  0;
}
```

main.cpp

整个流程和鼠标点击触发动作的框架类似，这里注意鼠标点击的效果重绘时要加一个输出EGE缓存的函数delay_ms(0)，否则回弹时鼠标变色的效果还没来得及输出，就被页面切换这个重绘动作覆盖掉了。下面逐一实现main流程中的所有函数，首先是以initAllPages为入口的初始化页面及页面内元素的功能。所有相关的内容放在init.cpp里。

```
#include<graphics.h>
#include"init.h"
#include"global.h"
//初始化单个按钮的位置及标题按钮居中
void initButton(Button * pbutton,int x,int y,PageSelect pageToInit,const char * titleStr)
{
    pbutton->baseElemnt.left=x;
    pbutton->baseElemnt.top=y;
    pbutton->baseElemnt.right=x+BUTTON_WIDTH[pageToInit];
    pbutton->baseElemnt.bottom=y+BUTTON_HEIGH[pageToInit]-1;
    pbutton->pressed=false;
    pbutton->title.str=titleStr;
    if(pbutton->title.str)
    {
        int strX=(BUTTON_WIDTH[pageToInit]-textwidth(titleStr))/2;
        int strY=(BUTTON_HEIGH[pageToInit]-textheight(titleStr))/2;
        pbutton->title.baseElemnt.left=pbutton->baseElemnt.left+strX;
        pbutton->title.baseElemnt.top=pbutton->baseElemnt.top+strY;
    }

}
```

```
void initPage(PageSelect pageToInit)
{
    if (pageToInit==PAGE_MENU) //初始化PAGE_MENU页面
    {
        //初始化页面中所有button
        pages[PAGE_MENU]. buttons=(Button
*)malloc(sizeof(Button)*PAGE_BUTTON_NUM[PAGE_MENU]);
        Button * tempButtons=pages[PAGE_MENU]。buttons;
        pages[PAGE_MENU]。buttonSelected=-1;
        //初始化页面中Button的位置信息
        for (int i=0;i<PAGE_BUTTON_NUM[PAGE_MENU];i++)
        {
            initButton(&tempButtons[i],MENU_LEFT,
                    MENU_TOP+BUTTON_HEIGH[PAGE_MENU]*i+MENU_ITEM_SPACE,
                    PAGE_MENU,BUTTON_MENU_TITLE[i]);
        }

    }
    if(pageToInit==PAGE_INPUT)//初始化PAGE_INPUT页面
    {

        pages[PAGE_INPUT]. buttons=(Button
*)malloc(sizeof(Button)*PAGE_BUTTON_NUM[PAGE_INPUT]);
        pages[PAGE_INPUT]。buttonSelected=-1;
        //PAGE_INPUT页面的按钮尚未规划
        for (int i=0;i<PAGE_BUTTON_NUM[PAGE_MENU];i++)
        {
            ;
        }

    }
}
//初始化所有页面
void initALLPage()
{
    PageSelect i;
    for (i=PAGE_MENU;i<=PAGE_INPUT;i=(PageSelect)(i+1))
    {
        initPage(i);
    }
}
```

init.cpp

　　PAGE_MENU 页的所有菜单按钮都设置在页面居中位置，依次向下排布，绘制页面及页面中的元素的功能放在 drawing.cpp 中。

```cpp
#include<graphics.h>
#include"init.h"
#include"global.h"
using namespace ege;
//背景图片绘制
static void zoomImage(PIMAGE& pimg, int zoomWidth, int zoomHeight)
{
    //pimg为空，或目标图像大小和原图像一样，则不用缩放，直接返回
    if ((pimg == NULL) || (zoomWidth == getwidth(pimg) && zoomHeight == getheight(pimg)))
        return;

    PIMAGE zoomImage = newimage(zoomWidth, zoomHeight);
    putimage(zoomImage, 0, 0, zoomWidth, zoomHeight, pimg, 0, 0, getwidth(pimg), getheight(pimg));
    delimage(pimg);
    pimg = zoomImage;
}
void showBgImage(const char * bgFileName)
{
    PIMAGE img;//定义图片指针
    img=newimage();//创建图片 动态内存
    getimage(img,bgFileName);
    zoomImage(img,SCR_WIDTH,SCR_HEIGHT);
    putimage(0,0,img);
    delimage(img);
}


void drawButton(int i,color_t mouse_state)
{
    Button tempButton=pages[pageCur]。buttons[i];
    //根据Button的鼠标点击状态绘制Button
    if (tempButton.pressed)
        setfillcolor(MENU_BUTTON_STATE2);
    else
        setfillcolor(MENU_BUTTON_STATE1);
    bar(tempButton.baseElemnt.left,
            tempButton.baseElemnt.top,
                tempButton.baseElemnt.right,
                    tempButton.baseElemnt.bottom);
    //绘制button上的文字
    if(tempButton.title.str! =NULL)
    {
        setfont(15, 0, "宋体");
        setbkmode(TRANSPARENT);
```

```
            setcolor(BLACK);
            outtextxy(tempButton.title.baseElemnt.left,
                    tempButton.title.baseElemnt.top,
                    tempButton.title.str);
        }

}
void drawButtons()
{
    //绘制当前页面中的每个按钮
    for (int i=0; i<PAGE_BUTTON_NUM[pageCur]; i++)
    {
        drawButton(i);
    }
}
void drawCurPage()
{
    //绘制当前页面中的所有元素
    showBgImage("sky.jpg"); //绘制窗口背景
    if(pageCur==PAGE_MENU)
    {
        drawButtons();
    }
    else if(pageCur==PAGE_INPUT)
    {
        drawButtons();
        //绘制页面中的其他元素
    }
}
```

drawing.cpp

  这里的规划为当鼠标点击某个按钮时，在鼠标的响应动作中单独绘制该按钮。后续要在页面中绘制其他元素，可以在drawCurPage里继续添加。有关鼠标动作获取、判断点击范围的功能放在mouse.cpp中。

```
#include<graphics.h>
#include"init.h"
#include"global.h"
#include"drawing.h"
using namespace ege;
static bool insideButton(const Button * button,int x,int y)
{
//判断点击动作是否再button内
    return (x>=(button->baseElemnt.left))&&
```

```
        (y>=(button->baseElemnt.top))&&
        (x<(button->baseElemnt.right))&&
        (y<(button->baseElemnt.bottom));
}
int findPageButton(const Button buttons[],int x,int y)
{
//点击后根据点击位置返回点击Button的编号
    int buttonNum=-1;
    for (int i=0; i<PAGE_BUTTON_NUM[pageCur]; i++)
    {
        if(insideButton(&pages[pageCur]. buttons[i],x,y))
        {
            buttonNum=i;
            break;

        }

    }
    return buttonNum;
}


void mouseOpePage(ReactionClick * pClickReaction)
{
    mouse_msg msg= {0};
    while(mousemsg())
    {
        msg=getmouse();
        if (msg.is_left())
        {
            if(msg.is_down())
            {
                //判定页面中的按钮反馈
                if(pages[pageCur]. buttons! =NULL)
                {
                    Button * pButtons=pages[pageCur]. buttons;
                    int buttonNum=findPageButton(pButtons,msg.x,msg.y);
                    if(buttonNum! =-1)
                    {
                        pages[pageCur]. buttonSelected=buttonNum;
```

```
                    pButtons[buttonNum]. pressed=true;
                    pClickReaction->buttonRedraw=true;
                }

            }

        }
        else
        {
            if(pages[pageCur]. buttons! =NULL)
            {
                if(pages[pageCur]. buttonSelected! =-1)
                {
                    int buttonNum=pages[pageCur]. buttonSelected;
                    pages[pageCur]. buttons[buttonNum]. pressed=false;
                    pClickReaction->buttonRedraw=true;
                    pClickReaction->pageChange=true;
                }
            }
        }
    }
}
```

mouse.cpp

页面切换的函数 change() 放在 main.cpp 中，其定义如下：

```
void  changePage()
{
    if(pageCur==PAGE_MENU)
    {
        if(pages[PAGE_MENU]。 buttonSelected==0)
        {
            pageCur=PAGE_INPUT;
            pages[PAGE_MENU]。 buttonSelected=-1;
            drawCurPage();
        }
    }
    else  if(pageCur==PAGE_INPUT)
    {
        //根据页面内元素的反馈做后续动作
    }
}
```

main.cpp 中的 change() 函数

此时工程内的文件结构如图4.39所示。

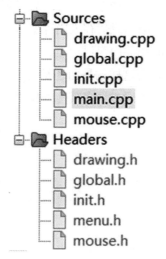

图4.39 初始GUI学生管理系统的工程

运行后的效果为点击PAGE_MENU中的第一个菜单，按键有变色效果，鼠标回弹后，切换到空页面PAGE_INPUT。如图4.40所示。

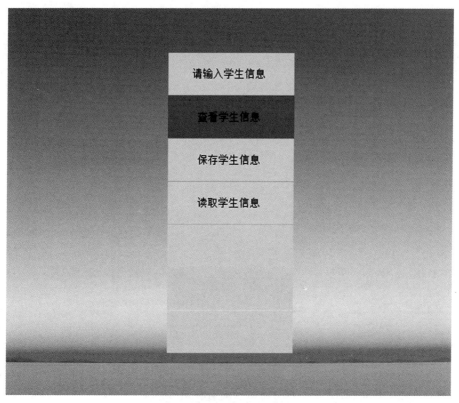

图4.40 点击菜单按钮反色

　　有了整个工程的框架，同学们可以尝试在其他页面中加入新元素，比如录入学生信息页面PAGE_INPUT里需要有输入框接收学生信息。需要特别考虑页面切换回来时初始化页面的流程，以及从文本框获取信息后存入内存变量的过程。

　　关于使用C语言制作GUI程序的相关内容讨论至此，主要希望大家体会库的概念及用法，开阔思路，纯粹用C语言来写这样的界面还是有些吃力的。对桌面应用感兴趣的同学，就像本节开篇讲的一样，可通过很多其他的技术来实现。

## 第五章

编译工具使用进阶——VSCode

前面介绍了 CodeBlock 这个轻量级 IDE 的用法，有兴趣的同学也可以试试 Visual Studio、JetBrains 等其他的 IDE。优秀的 IDE 把开发环境集成得很好，是很棒的提升生产力的工具。但是，它也把很多计算机相关专业的同学需要掌握的工程实践技能掩盖了，尤其是构建工具链的相关内容。一些 IDE 执行 Build 之后默认隐藏相关的编译指令，这就导致很多同学看待 IDE 就像一个黑盒子，完全不了解编译构建的过程是什么，对 Build 过程中产生的问题也无从下手。

在很多实际场景下，例如在某些平台的服务器端，是没有 IDE 环境的，远程连接以后只有控制台命令行可以使用。在一些嵌入式编程的场景中，需要设置编译器选项进行交叉编译，生产目标平台的代码。这些都提示我们有必要了解分开使用代码编辑器 + 编译工具链 + 命令行进行编程的方式。本章从代码编辑器 VSCode 开始，介绍自行安装 MinGW 编译环境并使用 shell 命令、Make、CMake、gdb 等工具进行编译调试构建程序的方法。

请注意，这里并不是排斥同学们使用 IDE 环境，毕竟它们有时真的很方便，可以极大地优化编程体验，在具体的使用偏好方面也是见仁见智。只是在使用 IDE 时最好可以透过它绚丽的界面和纷繁的设置选项，了解它每一步究竟在做什么。

VSCode 是近年来在 stackflow 上蝉联第一的代码编辑器，被广泛地应用在各种编程工作的场景中。

VSCode 第一次发布是在 2015 年，它是 Visual Studio 的另一个极端，初始安装的 VSCode 甚至只能看作一个代码编辑器，包含基础的编辑、文件管理等功能。虽然只有 100 MB 多，但它加载一些大型项目的速度极快。而之所以介绍这款代码编辑器，主要是因为它有以下几个特点。

（1）开源跨平台。VSCode 是一款由微软推出的跨平台开源免费编辑器，由于采用了 Electron 这样的跨平台桌面软件框架开发，在 Linux、Mac 系统下也可以使用 VSCode。未来如果同学们需要在不同的平台下编程，就可以极大地减少重新学习和适应编程环境的时间成本。

（2）极强的编程语言泛用性。所谓代码编辑器对编程语言的支持主要体现在语法高亮、单词自动匹配、参数提示、智能联想等方面。VSCode 可以支持 C，C++，Java，Python，R 等多种主流编程语言，而 VSCode 本身就是基于前端技术（Node.js，Chromium）开发的，它对于 HTML，CSS，JavaScript 等 Web 前端语言的支持极为优秀，深受很多前端开发者的喜爱。作为计算机专业的同学，在未来的学习和工作中难免要接触各种各样的编程语言，大家肯定希望在使用其他的语言编程时可以保持尽可能多的原有的开发环境，减少迁移开发环境所带来的学习成本。

（3）丰富的扩展资源。VSCode 的扩展插件资源已经破万，并且有一个统一的中心化的插件市场，这比 Sublime、Vim 更具优势，扩展包可以一键安装多个插件，省去了在切换编程语言时烦琐的配置过程。

（4）便捷的版本管理系统。在 VSCode 上集成了 git 功能，可以方便地对项目进行版本管理。有关内容我们会在下一章介绍 git 时重点讨论。

用 VSCode 编译 C 代码的官方教程文档链接为：

https://code.visualstudio.com/docs/languages/cpp。

第一节　安装C语言编译环境

一、下载 MinGW-w64

首先，在下载 VSCode 之前，我们希望使用 GCC 编译套件作为配套的编译工具。其在 Windows 下的实现版本有两种：MinGW-w64 和 Cygwin。我们可以下载 MinGW-w64，它被托管在 SourceForce，下载地址为：https://sourceforge.net/projects/mingw-w64/files/。如图 5.1 所示。

选择 X86_64-win32-seh 版本，下载后解压到一个合适的目录，注意路径中不要有中文，解压后的路径为 F:\Microsoft VS Code\mingw64。打开 bin 目录，可以看到一些编译组件，其中 GCC 为 C 编译器，g++ 为 C++ 编译器，gdb 为调试器。如果继续搜索，可以在 x86_64-w64-mingw32\include 路径下找到我们之前非常熟悉的 stdio.h 头文件。编译器、调试器、头文件，以及一些标准库是

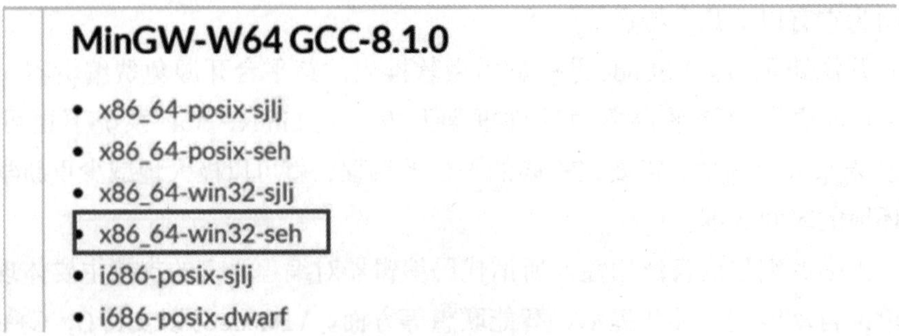

MinGW-W64 GCC-8.1.0

- x86_64-posix-sjlj
- x86_64-posix-seh
- x86_64-win32-sjlj
- x86_64-win32-seh
- i686-posix-sjlj
- i686-posix-dwarf

图 5.1　下载 MinGW 的离线版本

一个典型的编译套件所包含的主要内容。

二、添加系统变量PATH

为了使其他的应用（VSCode）能够使用上述编译器，需要在系统变量PATH里添加MinGW所在的路径。在添加前，可以使用Win+"R"键呼出快速执行方式，在弹出的输入框中输入cmd，调出控制台，在控制台中输入gcc-v。如果显示未识别的命令，代表尚未在PATH中添加MinGW。如果显示已存在GCC，给出了GCC的版本信息，说明当前计算机中已经装入了GCC编译器。请尽量确认好编译器的位置，可以考虑在不影响其他软件使用的情况下在环境变量中删除其他版本的MinGW路径。

图5.2 为MinGW-w64设置系统PATH 1

以Windows10系统为例，在"控制面板"→"系统和安全"→"系统"→"高级系统设置"中找到环境变量选项。如图5.2所示。

选择用户变量中的PATH，点击"编辑"→"新建"，将之前下载的MinGW中的GCC所在的路径填入。如图5.3所示。

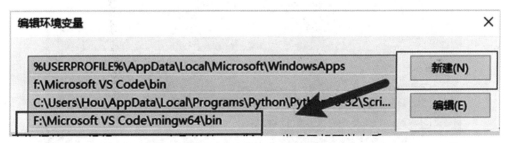

图5.3 为MinGW-w64设置系统PATH 2

再次打开cmd运行gcc-v，查看当前GCC版本，发现已经可以查看。如图5.4所示。

```
C:\Users\Hou>gcc -v
Using built-in specs.
COLLECT_GCC=gcc
Target: x86_64-w64-mingw32
Configured with: ../../../src/gcc-8.1.0/configure --host=x86_64-w64-mingw
64-mingw32 --prefix=/mingw64 --with-sysroot=/c/mingw810/x86_64-810-win32-
-static --disable-multilib --enable-languages=c,c++,fortran,lto --enable-
ble-libgomp --enable-libatomic --enable-lto --enable-graphite --enable-ch
enable-version-specific-runtime-libs --disable-libstdcxx-pch --disable-li
h --disable-win32-registry --disable-nls --disable-werror --disable-symve
na --with-tune=core2 --with-libiconv --with-system-zlib --with-gmp=/c/min
-with-mpfr=/c/mingw810/prerequisites/x86_64-w64-mingw32-static --with-mpc
tic --with-isl=/c/mingw810/prerequisites/x86_64-w64-mingw32-static --wi
MinGW-W64 project' --with-bugurl=https://sourceforge.net/projects/mingw-w
86_64-810-win32-seh-rt_v6-rev0/mingw64/opt/include -I/c/mingw810/prerequi
prerequisites/x86_64-w64-mingw32-static/include' CXXFLAGS='-O2 -pipe -fno
-rev0/mingw64/opt/include -I/c/mingw810/prerequisites/x86_64-zlib-static/
mingw810/x86_64-810-win32-seh-rt
quisites/x86_64-zlib-static/include -I/c/mingw810/prerequisites/x86_64-w6
dent -L/c/mingw810/x86_64-810-win32-seh-rt_v6-rev0/mingw64/opt/lib -L/c/m
/c/mingw810/prerequisites/x86_64-w64-mingw32-static/lib'
Thread model: win32
gcc version 8.1.0 (x86_64-win32-seh-rev0, Built by MinGW-W64 project)
```

图5.4　为MinGW-w64设置系统PATH 3

这样，VSCode就可以使用GCC作为编译器了。

三、下载并安装VSCode

VSCode的官网下载地址为：https://code.visualstudio.com/。

安装过程中勾选以下内容，勾选后会在Windows右键单击时出现"Open with VSCode"选项，可以Win + "R" + cmd在控制台中执行code命令创建工作空间。如图5.5所示。

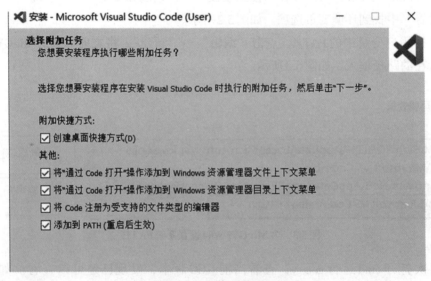

图5.5　安装VSCode

第一次打开VSCode展示的是Welcome界面，这里可以进行新建文件、打开最近命令、帮助查找、支持其他编辑器键位等常见操作。可以在菜单中的"Help"→"Welcome"中再次打开，可在左下角的勾选项中决定是否打开VSCode时开启。

四、中英文切换

初始界面为英文，虽然对于刚上手的同学来说，在这样的环境下工作有利于熟悉常用单词，培养良好的编程习惯，但如果有的同学实在吃力的话，调整成中文界面也是很方便的。这里给大家介绍一个VSCode中最为常用的快捷键"Ctrl"＋"Shift"＋"P"，它可以调出VSCode的命令面板，在命令面板中很方便地执行各种VSCode功能的指令，这是VSCode众多快捷键中最为重要的一个，希望同学们记住。

如果想改变软件的语言环境，可以在弹出的命令行输入Configure Display Language，初始情况下没有中文选项。点击"Install Additional Languages"（见图5.6）会跳转到插件组，可以看到简体中文的插件，VSCode中把这些插件叫作Extensions，点击"Install"安装，如图5.7所示。这可能是很多同学第一次使用VSCode的插件，VSCode之所以可以从初始的编辑器扩展成高度定制化的适应各种开发场景的开发工具，主要依赖包含各种功能插件的庞大插件市场。

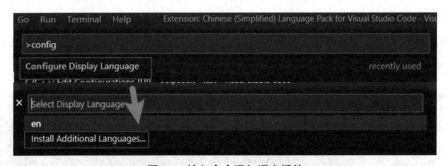

图5.6 输入命令添加语言插件

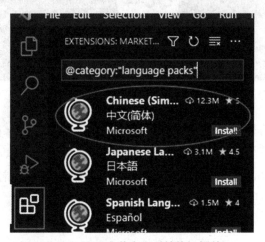

图5.7 可以安装中文（简体）插件

安装完毕后，会弹出提示要求重启VSCode以使新安装的插件生效。点击"Restart"后发现VSCode的所有菜单选项都进行了汉化。可以在命令行面板里重新使用配置语言的命令选择英文。如图5.8所示。这里只是以汉化功能为例简单为同学们引入命令面板及插件的概念，无论是后续使用VSCode帮助文档还是以后使用其他的软件进行开发，都希望同学们尽快适应这些基础专业英文，因此后续还是会继续使用英文界面作为演示示例。

图5.8 安装插件后可以选择语言

五、安装C/C++扩展

前面提到VSCode可以定制成支持多种编程语言开发的环境。为了在VSCode中支持开发某一种语言，第一步要做的就是找扩展插件。左侧工具栏最后的图标代表VSCode的插件管理功能，在这里可以搜索、管理扩展插件。点击它，可以看到之前安装的简体中文语言插件，在搜索栏中输入C/C++，可以在应用商店看到很多C语言开发的插件。如图5.9所示。选择第一个，该插件名叫cpptools，提供了C语言程序Debug、语法高亮、自动补全、定制开发环境选项等功能。

图5.9 VSCode C语言插件

注意，在过去的教程中，该插件需要配置c_cpp_properties.json文件才生效。但是现在的版本即使不生成该文件也会自动使用默认设置，所以可以直接使用。该插件的设置主要针对Intellisense自动补全功能。如果想要自动补全新引入的第三方库，可以在命令面板里运行C/C++:Edit Configure（UI）再配置。

第二节 VSCode快速入门

一、VSCode界面介绍

图5.10是VSCode官方教程中的界面截图，主界面大体分成5大区域。A区域为活动栏，在活动栏中默认的5个功能图标为资源管理、查找、git版本管理、Debug以及Extension插件的管理。点开某个功能，具体展开的是B区域侧边栏。

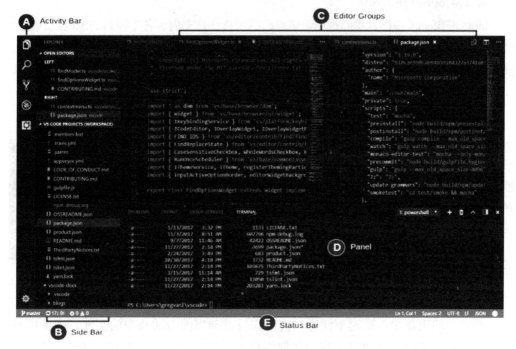

图5.10　VSCode主界面

C区域为主要的分组编辑区，用来编辑待编写的文件。图中展示的是一个开发过程中典型的文件多开情形。VSCode可以方便地在水平或垂直方向上打开多个文件。这是在开发中比较有用的功能，可以通过菜单中的"View"→"Editor Layout"实现多种分屏方式，快捷键为"Ctrl"+"/"。

D区域为面板区域，默认没有开启，可以通过快捷键"Ctrl"+"'"或菜单中的"Terminal"→"New Terminal"打开。面板里展示了编译当前工程存在的问题、程序输出、调试窗口，以及可以直接运行指令的操作系统的终端。如果是Linux开发者，使用终端窗口操纵系统是必不可少的。VSCode将终端很好地集成在软件中，避免了在外部开启其他终端的烦琐操作，这是VSCode的一大特色。

E区域是状态区，非常直观地显示当前打开文件的有用信息，包括当前文件的行数、编码方式等。

除图中展示的视图外，另一个主要的功能区域为命令面板，快捷键为"Ctrl"+"Shift"+"P"。它可以作为操控VSCode的入口，通过输入各种丰富的命令实现对VSCode设置与控制，一些菜单选项也可以通过命令面板实现。之前在设置中英文切换时使用过命令面板。在后续的章节中会陆续使用更多的命令。

这些界面的显示开关可以在菜单中"View"或"View"→"Appearance"中找到。

二、VSCode工作区与工作空间

1. VSCode打开工作区

同CodeBlocks一样，我们也不希望自己的项目文件夹内，各个项目的源码或其他类型的文件到处都是，因此需要确定自己的工作区域。同学们可以根据自己的需要设置，同样，注意路径中不要有中文。这里，我们在根目录下建立一个工作文件夹，命名为SourceCode，针对大家目前的学习情况，可以在SourceCode内新建文件夹，将题目按章节分别规划，例如D:\SourceCode\Chapter1等。

下面介绍一些常用的操作。活动栏第一个选项是VSCode的资源管理器EXPLORER。在VSCode中，使用菜单"File"→"Open Folder"或者在"EXPLORER"中选择"Open Folder"打开SourceCode文件夹。如图5.11所示。

图5.11　VSCode打开文件夹

此时，文件夹SourceCode既对应了CodeBlock中工程的概念，同时一个工作空间。在之后的工作中，要时刻注意当前工作目录与当前激活选中的文件。图5.12中列出了针对当前文件夹可以进行的快捷操作，包括新建文件、新建文件夹、全部收起等，同学们可以在文件夹里存放一些简单的源码。

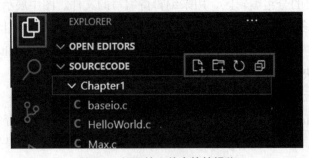

图5.12　打开的文件夹快捷操作

左键单击某个源码，在正面的编辑区会显示该源码的内容。注意代码标签此时为斜体，再点击其他源码时会在编辑区替换当前源码文件。要想打开源码而不替换当前打开文件，可以双击源文件。或者可以在"EXPLORER"中选中某个文件点击"Ctrl"+"Enter"直接分屏显示。如图5.13所示。

图5.13 VSCode打开的文件

已经打开的文件在"EXPLORER"中的"OPEN EDITORS"中。如果没有显示"OPEN EDITORS"，可以点击"EXPLORER"右侧的三个点处勾选。如图5.14所示。

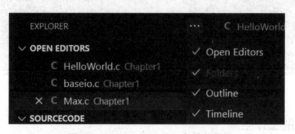

图5.14 EXPLORER中的视图

"OPEN EDITORS"后面的选项里可以实现调整分屏显示布局、一次性关闭所有打开的文件等功能。如图5.15所示。

图5.15 EXPLORER中OPEN EDITORS快捷操作

右键点击源码文件，除了删除、重命名等常规文件操作，"Reveal in File Explorer"选项可以方便地在计算机的文件系统中打开当前文件。如图5.16所示。

图5.16 在文件浏览器中打开文件

点击菜单中的"File"→"Close Folder"可以关闭当前打开的文件夹，重新选择工作区域。

图5.14中展示了"EXPLORER"还包含"Outline"和"Timeline"两组视图，其中"Timeline"是有关代码版本管理的视图。而Outline代表当前源码的代码大纲，可以清晰地显示代码层级。当代码具有一定规模时对掌握全局整体结构十分有帮助。典型的如图5.17所示，大纲里将代码内结构体、变量定义、函数等不同层级元素用不同的图例表示出来。

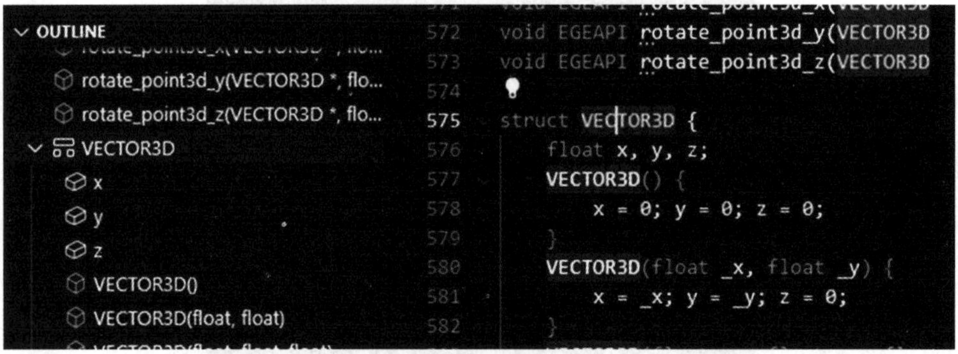

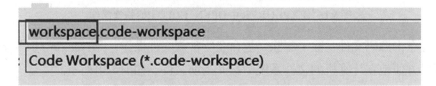

图5.17　VSCode中的Outline

2. VSCode中的工作空间

VSCode中的工作空间与CodeBlock中的工作空间概念上是一样的，只有在多个项目同时工作时才特别强调。只不过VSCode简洁的特性使得默认情况下如果只在一个项目上工作，打开根目录就可以了。此时打开的根目录就是一个工作空间（Workspace）。工作空间的概念在对VSCode进行设置时非常有用。如果有特殊需求，比如将电脑中不在此根目录下的项目也要纳入工作空间中管理，可以点击"File"→"Save Workspace as"，将单独打开的文件夹转化成工作空间。如图5.18所示。

workspace code-workspace

Code Workspace (*.code-workspace)

图5.18　将工作文件夹转换为工作空间

此时弹出了"保存文件"选项，事实上是要保存一个后缀.code-workspace的文件。此文件描述了此工作空间的逻辑范围，打开它发现其用JSON数据格式包含了两个选项：folders和settings。分别描述了同属于此工作空间的项目路径及设置偏好。

在VSCode中设置生效的优先级为全局（User）＜工作空间（Workspace）＜文件

夹（Folder）。其中，文件夹的设置内容可以放在 .vscode 文件夹里，在后续的使用中可以看到相关内容。

图5.19 设置插件在本工作空间失效

划分 Workspace 的主要作用在于使不同项目拥有统一的设置偏好，更常用的功能在于管理插件。VSCode 在开发不同应用时使用的插件会存在差异。如果在不同的工作环境中所有插件都生效的话，会占用内存资源。此时就可以设置在特定 Workspace 内一些插件不生效，如图5.19所示，如果以前安装了一些 Web 开发插件，此时就可以在开发 C 语言项目时选择在当前 Workspace 中关掉。

三、VSCode设置

本节简单介绍 VSCode 设置选项的一些基本方法。

1. 利用 UI 进行设置

在"File"→"Preferences"→"Settings"里可以通过图形用户界面对 VSCode 做一些设置，可以设置包括编辑器相关、插件、外观、调试等各种各样的内容，实现一些普通菜单选项以外的效果。图5.20显示 VSCode 中的设置范围有两种：User 是对 VSCode 全局范围进行的设置；而 Workspace 中的设置保存在工作空间中，只对当前工作空间有效，并且会覆盖 User 中设置的内容。

图5.20 VSCode设置选项

以 VSCode 非常有特点的 minimap 功能为例。minimap 是代码文本的缩略图，在代码文本量很大时可以帮助我们快速定位到需要寻访的位置，如图5.21所示。

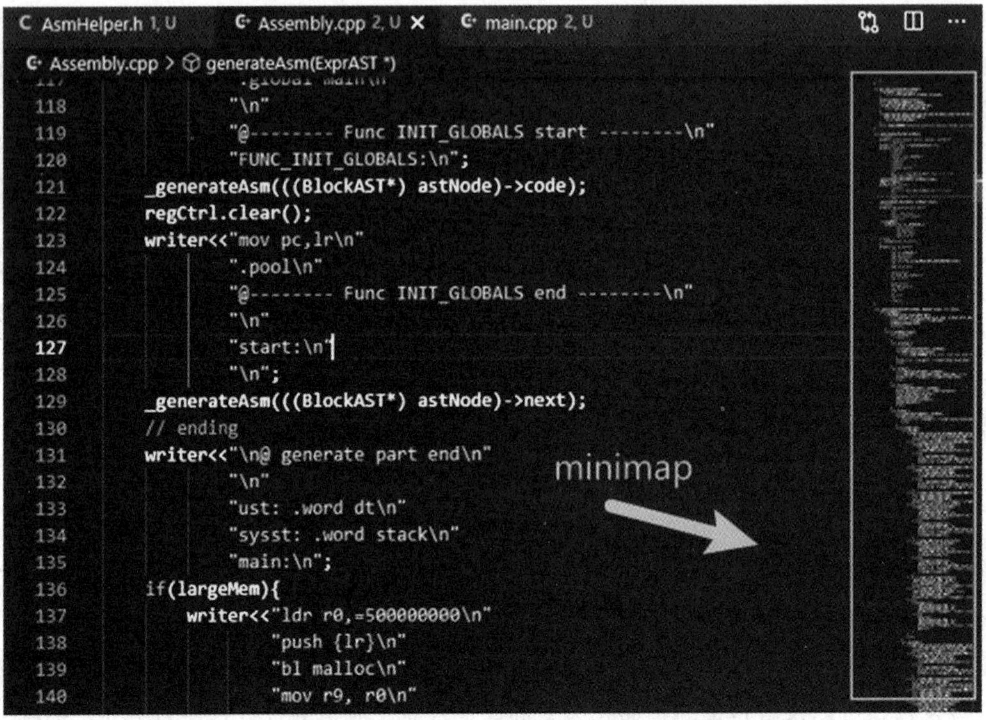

图5.21 VSCode中的minimap

如果希望简单地关掉或开启minimap，可以通过勾选"View"→"Show Minimap"或在命令面板中输入"View:Toggle Minimap"实现。如图5.22所示。

图5.22 通过菜单和输入命令开、关minimap

而如果想实现针对minimap更多的设置，可以在设置搜索里输入"minimap"，在这里可以对minimap的最大显示行数、显示位置等做一系列更为精细的设置。大家可以将minimap的显示位置调整到左边看看效果。如图5.23所示。

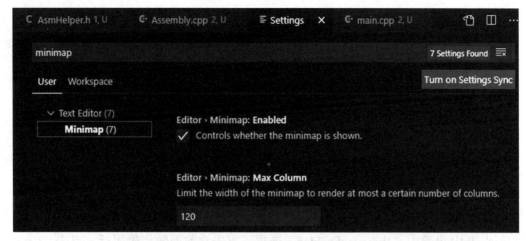

图5.23　通过"Settings"设置minimap

2. 利用JSON文件进行设置

　　JSON是一种简洁高效的用来存储和表示数据的文本格式，它通过｛字段：值｝的格式保存信息，这样的花括号 ｛｝ 整体被称为对象。VSCode中的各种参数配置，包括编译器、调试器选项、主题颜色、字体字号等都是通过读取不同的JSON文件实现的。由于其表达形式简洁明快，即使同学们以前没接触过，第一次打开时也能看懂它们的含义。最初的VSCode就是通过settings.json这个JSON文件进行配置的，只不过为了提升用户使用的体验才增设了图形界面配置功能。事实上，通过UI设置后的修改最后也会反映到该配置文件中去。可以通过在命令面板中输入"Preferences:Open Settings（JSON）"或在UI设置位置点击"Open Settings.json"按钮打开JSON配置文件。如图5.24所示。

图5.24　打开VSCode的JSON配置

　　可以看到User全局的配置文件所在的路径，一般新安装的VScode存放了一些主题、更新等全局配置。如图5.25所示。

```
C: > Users > Hou > AppData > Roaming > Code > User > {} settings.json > ...
1  {
2      "task.problemMatchers.neverPrompt": {
3          "shell": true
4      },
5      "update.mode": "manual",
6      "terminal.integrated.shell.windows": "C:\\windows\\System32\\Win
7      "workbench.colorTheme": "Visual Studio Dark",
```

图5.25　默认的VSCode全局配置

而如果将UI设置从User切换到Workspace，选择"Open Settings.json"按钮打开配置文件，则settings.json文件生成在当前工作空间文件夹下的.vscode文件夹内。让我们尝试以下练习：在当前Workspace内通过JSON文件设置关闭minimap功能。

点击UI设置中"Minimap:Enabled"选项，点击它前面的齿轮图标，点击"Copy Setting as JSON"。如图5.26所示。

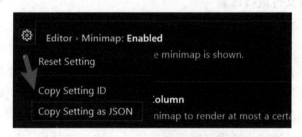

图5.26　复制minimap设置选项的JSON对象

这样有关选项的JSON对象的字段就有了，将它粘贴到.vscode内的JSON文件内。接下来就是设置该JSON对象的值了，VSCode会就可能的取值进行自动补全，将值写为false观察效果。此时该设置只在当前Workspace内生效。如图5.27所示。

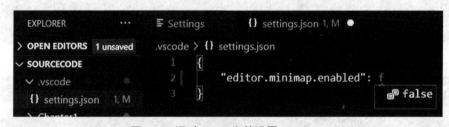

图5.27　通过JSON文件设置minimap

一些复杂的任务及特定语言的详细配置在UI设置中可能没有，可以通过在JSON文件中编辑对应的JSON对象来实现。工作空间中的JSON文件可以在版本管理软件git中一起提交。后续我们会更多地使用JSON，使大家循序渐进地掌握其用法。

第三节　终端与 shell

在编译源文件前，本节重点介绍一些在终端中使用命令行操作系统的方式。同学们在 Windows 环境下一般比较习惯使用图形用户界面操作系统，毕竟这是 Windows 在个人 PC 端最大的优势。但既然同学们已经开始学习编程，那么平时与计算机接触就不会局限于简单使用的范畴。后期随着学习的深入，在其他的操作系统下进行编程工作也是很有可能的。一些典型的系统如 Linux、Unix 等，使用它们的方式主要是通过命令行交互。在远程连接到服务端开发程序时，服务器主机本身有时甚至没有图形用户界面。可以说，使用命令行进行操作，了解一些命令格式，对计算机相关专业的同学日后的工作大有益处。后续的一些实验及操作也离不开命令行的使用。既然 VSCode 已经将终端集成到其系统之中作为一个主要的功能区，那么在这里就请同学们了解一些相关的基本概念，掌握一些 shell 命令的基本用法。

一、终端与 shell 的概念

很多同学在平时使用 Windows 时已经使用过系统自带的 shell，即名为 cmd 的命令行交互界面。在那里可以执行切换文件目录、查看文件、发送网络数据包等指令。而同学们平时写的 Win32 Console 就是终端。大多数时候，终端和 shell 都是一起打开出现的。让我们从功能角度简单理顺下终端与 shell 的基本概念。

1. 终端

终端也被称为虚拟控制台，它的功能概括来讲只有 3 个：

（1）提供界面，很多时候就是一个经典的黑框；

（2）获取用户输入，显示系统反馈输出；

（3）如果更细化的话，一些终端还支持复制粘贴、修改配色及字体等功能。

2. shell

shell 准确来讲是一个软件，它用来解析用户输入的指令格式，之后还可以根据指令或脚本启动、控制其他程序。这些通过指令调用的程序往往是被操作系统封装好的 API，可以完成硬件读写等更底层的功能。

3. shell 与终端

默认情况下，shell 的标准输入和标准输出会定位在终端，终端获取的指令文本会发送到 shell 作为其输入，而 shell 指令的运行结果会反馈给终端显示。反过来，我们平时写的控制台程序输出的结果就是一个没有运行 shell 的终端，只用来支持编译的程序，即使在其中输入一些系统命令文本，如 ls、cat 等，也并不会得到反馈。

在VSCode中，打开plane区域，默认会显示三个面板。"PROBLEMS"会显示执行代码编译或其他项目内可能的错误。"OUTPUT"显示VSCode自身或其他扩展插件在运行时产生的信息。"DEBUG CONSOLE"生成调试信息。而我们平时使用最多的就是最后一项"TERMINAL"（终端）。图5.28很好地反映了终端与shell的关系，即终端可以打开不同的shell。Windows系统中默认的shell为PowerShell及Code。

图5.28　VSCode中terminial打开的不同终端

不同系统支持的经典shell程序特别多，如Linux下有bash，sh，zsh等shell。它们的基本原理和支持功能上的差异主要体现在命令解析语法规范、快捷键、命令补全等方面。更重要的是，在涉及shell脚本编写时，不同的shell支持的脚本语法差别有时很大，很多时候在习惯了一种shell的使用后再切换到其他shell工作时会不适应。所以，这里选取相对经典、同学们今后可能会广泛接触到的bash来讲解一些shell命令行的基本使用。Windows自带的powershell虽然支持所有shell的一般操作，但使用的广泛性远不如bash。

二、VSCode中使用bash

要想在Windows环境下使用bash，标准的做法是使用Windows提供的Linux子系统。但前面说过，shell本质上也是一个程序，这里采用比较简单的方式，安装git bash。git是一个版本控制工具，在下一章的实验中会重点介绍。在安装git时会同时附带git bash，这是一个Windows下的bash模拟器，主要用来为Windows提供用命令行操作git工具的方式。一些Linux下的命令行指令可以通过它在Windows下实现。安装过程见第六章第二节。

之后要想验证bash是否安装成功，可以使用快捷键"Ctrl"＋"J"打开面板，默认使用的是powershell，bash的执行文件在git安装目录的bin目录中，将其加入系统变量PATH后，要想启动bash，直接在命令行输入bash即可。如图5.29所示。

图5.29　bash命令行操作1

可以看到，原来的Powershell变成了bash，在"＄"符号后可以正常输入命令，"＄"符号上面显示的是当前路径、用户等信息。

可是每次打开终端进入shell都要重新输入bash命令很麻烦，因此需想个办法将bash设置为默认的shell，在Windows环境下安装的VSCode默认shell选项里没有bash。下面我们通过设置默认shell进一步熟悉JSON数据结构。

打开全局设置，搜索"terminal.integrated.profiles.windows"，这是集成终端的配置项。和之前配置minimap一样，点击"Copy Setting as JSON"后点击"Edit in settings.json"。如图5.30所示。

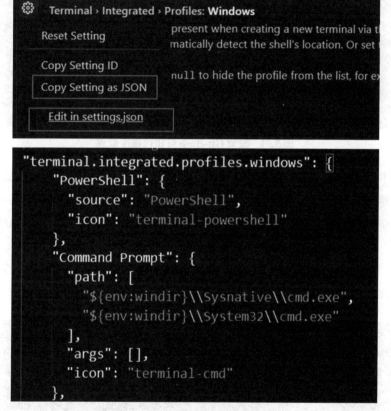

图5.30　打开终端shell的JSON设置

打开settings.json以后点击粘贴。可以看到一些已有的shell配置。这是我们第二次接触JSON，结构稍微复杂，但总体上还是｛字段：值｝的形式。相较于本章第二节第三部分中的设置，这里的JSON数据结构的一个显著特点为：字段terminal.integrated.profiles.windows的值是一个嵌套多组对象的对象，多组对象中间用逗号分隔。这些对象分别描述了几个已有shell的情况。在JSON中，除了已经出现的字符串和对象可以作为值以外，数组、数字、布尔和null也是可以的。可见，JSON是一种非常高效而常用的数据表达方式。

这里，我们需要仿照已有shell的JSON描述形式，手动给出Git-Bash的描述。其中，path字段为bash这个可执行程序所在的位置，args字段为执行bash命令时的参数。bash的位置在安装git并且在系统变量里自动添加路径后就已经确定了。可以通过输入where指令找到bash所在的路径。然后将该路径以字符串的形式填入到Git-Bash的path字段中，如图5.31所示。

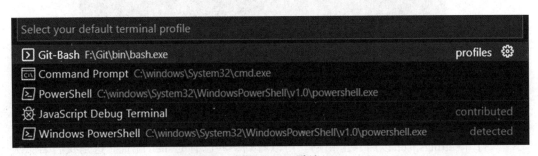

图5.31　设置Git-Bash可执行程序位置

这里注意，路径里的斜杠和C语言的标准输出格式一样，有特殊的用途，如果单纯地想表达字符"\"，需要加转义。定义好Git-Bash以后，在决定默认shell的字段terminal.integrated.defaultProfile.windows里赋值Git-Bash，名称只要和定义的shell字段一致即可。保存配置文件后重启终端会发现，默认的shell现在变成了bash。

至此，新的shell描述被添加进VSCode，如果再想更改默认shell，只需要打开命令面板，输入"Terminal:Select Default Profile"，就可以选择shell了。如图5.32所示。

⟩ Git-Bash F:\Git\bin\bash.exe	profiles ⚙
CMD Command Prompt C:\windows\System32\cmd.exe	
⟩ PowerShell C:\windows\System32\WindowsPowerShell\v1.0\powershell.exe	
⟳ JavaScript Debug Terminal	contributed
⟩ Windows PowerShell C:\windows\System32\WindowsPowerShell\v1.0\powershell.exe	detected

图5.32　设置VSCode默认shell

使用"Ctrl"+"J"打开终端的路径为当前工作文件夹的位置，很多情况下希望打开终端快速定位到当前文件所在路径，可以右键点击文件选择"Open in integrated terminal"。当然也可以在"Keyboard shutcuts"中选择"Open in terminal"设置快捷键。

三、bash常用指令使用

1. 基本的shell命令格式

shell里执行各种命令的精髓是shell脚本编程，它一般是系统自动化管理以及运维所必备的技能，可以自动控制计算机做一些重复性工作，极大地提升工作效率。如果对此展开介绍，就是另一本书的内容了。感兴趣的同学可以自行找资料学习，这里只介绍一些在shell里运行各种常用指令的基本概念，为后续内容做铺垫，这是计算机相关专业编程学习的必备技能。

shell里运行命令的基本格式为：

command［选项］［参数］

其中，［］代表可选，也就是有时参数和选项不是必加项。之前运行的命令bash就没有加任何参数和选项。而where命令就加了参数，代表要查找的对象。下面我们运行几个常用的命令。

在使用shell进行编程时，最好确认好当前所在的工作路径，很多时候bash的路径提示为“~”，代表默认的主目录。显示当前路径的命令为：

pwd

知道了工作路径之后，如果想查看当前文件夹内的文件及文件夹的情况，可以使用命令：

ls

结果如图5.33所示。

```
Hou@DESKTOP-ASH1183 MINGW64 /d/SourceCode
$ ls
Chapter1
```

图5.33　bash命令行操作2

ls是list的缩写，它显示了当前文件夹内所有的内容。此时我们知道Chapter1是之前创建的文件夹。如果想查看Chapter1里的内容，可以进一步使用图5.34所示的命令。

```
Hou@DESKTOP-ASH1183 MINGW64 /d/SourceCode
$ ls Chapter1/
baseio.c  baseio.exe  HelloWorld.c  HelloWorld.exe  Max.c  test.cpp  test.exe
```

图5.34　bash命令行操作3

为了演示效果，Chapter1里放置了一些源码编译好的.exe文件，生成可执行文件的方式将在下一节重点介绍。该命令里使用了参数Chapter1/，表明要显示的目标路径。这里引出了两个问题：

（1）第一次ls命令没有跟任何参数指明命令的目标竟然也执行成功了，为什么？

（2）显示出来的文件和文件夹除了后缀不一样，看起来都是一个颜色的，怎么区分？

关于第一个问题，事实上不带参数的命令都有默认参数，ls的默认参数是当前文件夹。在shell命令表达相对路径时经常要显式的表达当前文件夹或上层文件夹。大家可以尝试下面这条命令。

ls - a

如图5.35所示。

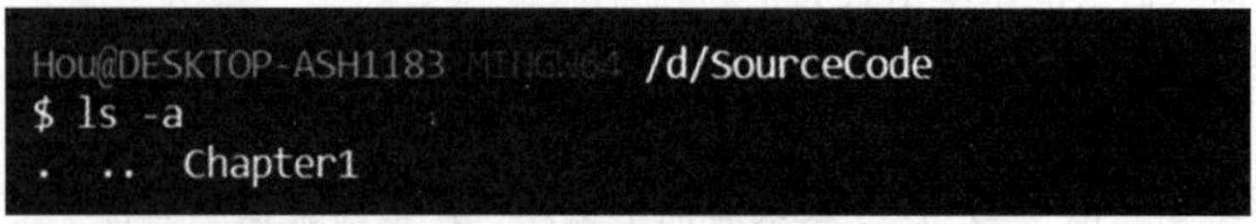

图5.35　bash命令行操作4

该命令代入了选项-a，显示了当前文件夹下包括以.开头的隐藏文件。其中"."代表当前文件夹，".."代表上层文件夹，在命令行里运行可执行文件时经常用到。

至于ls显示的到底是文件还是文件夹，在一般的shell里可能通过配色很明显地区分出来。如果想确定地知道文件类型，可以使用file命令，结果如图5.36所示。

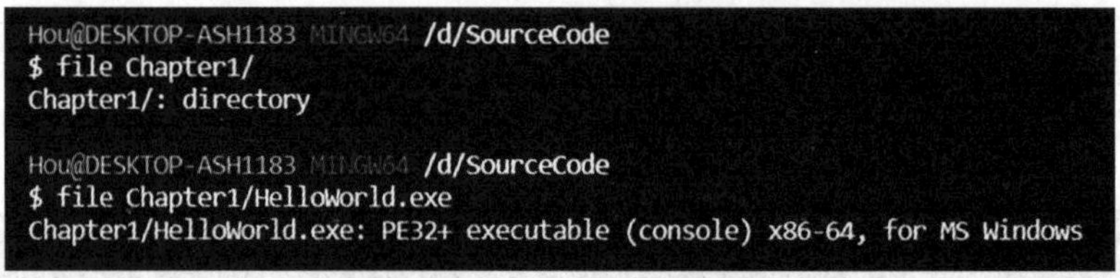

图5.36　bash命令行操作5

file命令显示了Chapter1是文件夹，HelloWorld.exe为PE格式，是Windows下的可执行文件类型。通常一个命令有很多的选项可选，如果想确切地知道某些选项的功能，除了查询手册以外，还有很多命令自带帮助选项。比如：

ls - help

如图5.37所示。

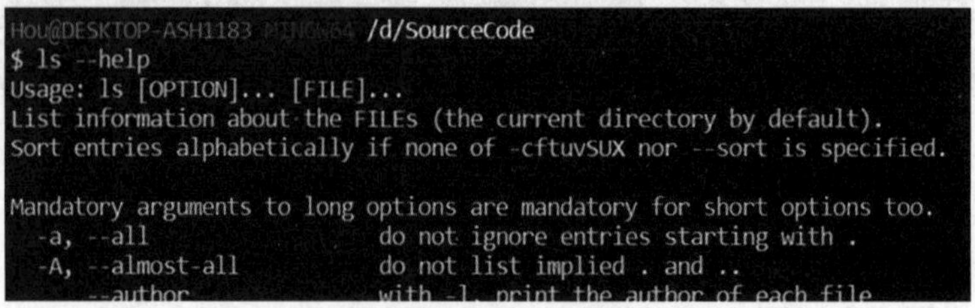

图5.37　bash命令行操作6

如果选项是一个完整意义的单词，用双横杠表示，如上面使用的--help。否则单横杠接单词的话可以理解成多个选项一起生效，比如下面的命令：

ls - al ./Chapter1/

如图5.38所示。

```
Hou@DESKTOP-ASH1183 MINGW64 /d/SourceCode
$ ls -al ./Chapter1/
total 176
drwxr-xr-x 1 Hou 197609     0 3月  5 14:34 .
drwxr-xr-x 1 Hou 197609     0 3月  5 14:34 ..
drwxr-xr-x 1 Hou 197609     0 3月  5 14:34 .vscode
-rw-r--r-- 1 Hou 197609   203 11月 10 14:42 baseio.c
-rwxr-xr-x 1 Hou 197609 55063 12月  9 13:19 baseio.exe
-rw-r--r-- 1 Hou 197609    85 8月  28  2021 HelloWorld.c
-rwxr-xr-x 1 Hou 197609 54022 11月  4 15:00 HelloWorld.exe
-rw-r--r-- 1 Hou 197609   228 8月  23  2021 Max.c
```

图5.38　bash命令行操作7

这条命名包含了选项和参数，-a和-l选项同时生效。-l选项显示了文件的更多属性，包括文件大小、创建时间、创建人和权限等，大家了解即可。

有关文件所在的路径，之前没有特殊提及，这里正式明确一下绝对路径与相对路径的概念。

（1）绝对路径。包含了从驱动器号开始的每一层目录，最终可以定位到文件或文件夹的完整路径。比如，如果想描述SourceCode下HelloWorld.exe所在位置，其绝对路径为：

D:\SourceCode\Chapter1\HelloWorld.exe。

（2）相对路径。不从驱动器等根目录开始定位的路径，最终定位的位置和当前所在路径相关。同样是定位SourceCode下的HelloWorld.exe文件，如果当前所在路径为D:\SourceCode，那么从当前位置开始，相对路径.\Chapter1\HelloWorld.exe同样可以定位到目标可执行文件。在shell内执行当前路径下的可执行文件时，通常不会写完整的绝对路径，那样太烦琐了，但是也不能直接写可执行文件的文件名，这时通常使用相对路径来运行。

2. shell中的常用快捷键

shell中最为常见的快捷键为"Tab"键，大家可以试一下，比如输入如下文本：

ls./C

此时如果按"Tab"键，shell会自动查到目录内的匹配项，自动补齐文件、文件夹或命令。如果没有立刻补齐，证明目录下没有或有多个匹配当前输入。可以点击两下"Tab"列出所有可能。使用"Tab"补全功能，可以极大地提升效率，减少命令中的错误。

"Ctrl"＋"C"快捷键在shell中的作用一般为终止shell中正在运行的进程，在运行一些程序卡死或想快速退出时可以使用。如果出现已经输入了一长串指令但想取消不想执行时也可以使用（见图5.39）。

图5.39　bash命令行操作8

同学们在终端操作时，如果想通过鼠标选中复制的方式粘贴文本，请注意，复制终端屏幕上的文本时，不要选中后按"Ctrl"+"C"键。在终端情况下，"Ctrl"+"C"键为取消命令键。在用鼠标选中某一段文本后，该文本就已经进入粘贴板了，选中后可以将鼠标放到待粘贴的位置。右键点击选中Paste或直接按鼠标滚轮键即可。

如果需要快速地再执行以前已经执行过的命令，可以使用"Ctrl"+"R"键调用关键字查找历史命令，或者直接用上下键翻找历史命令。

需要快速清屏请使用"Ctrl"+"L"键。

其他的快捷键，同学们可以查询相关的资料，找到适合自己的快捷键，这是一个自然的过程，不需要特别记忆。

3. 复制移动删除

之前确认了Chapter1下存在一些.c文件和其他类型的文件，现在我们想通过shell命令完成以下动作：

首先切换工作目录到Chapter1下，在Chapter1中建立文件夹test1，并且在test1中建一个空的.c文件test.c，命令执行的过程及文件夹内的情况如图5.40所示。

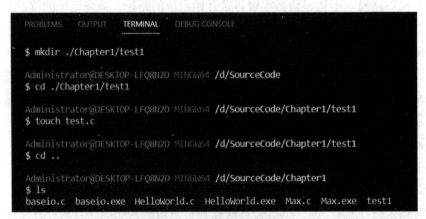

图5.40　bash命令行操作9

涉及的命令如下。

cd（change directory）：改变当前工作路径。

mkdir（make directory）：创建文件夹。如果希望批量创建文件夹，如dir1~dir7，可以按以下格式输入：

mkdir dir {1..7}

touch ：刷新文档时间标签，这里用于新建文件。

之后在 SourceCode 内建立文件夹 Chapter2，将 Chapter1 中的所有文件复制到 Chapter2 中，重命名 HelloWorld.c 为 HelloWorldv2.c，并清除 Chapter2 内所有后缀为.exe 的文件。操作过程如图5.41所示。

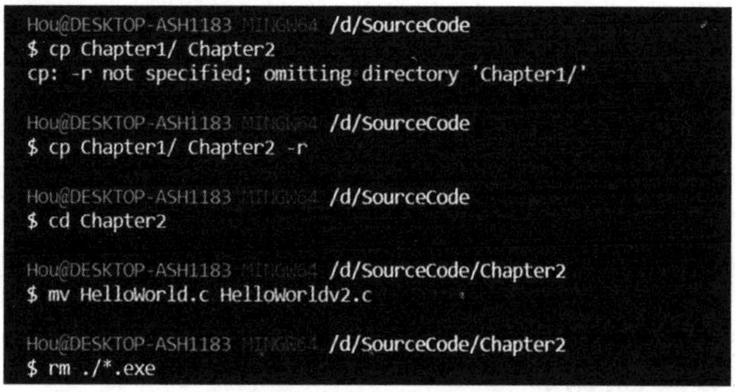

图5.41 bash命令行操作10

复制指令 cp（copy）是非常常用的 shell 命令，它的基本格式为：

cp［选项］<source file/dirtory> <target file/dirtory>

尖括号的意思为可替换但不可省略。图5.41中的cp指令执行后将Chapter1中的所有内容复制到了Chapter2中，如果目标文件夹不存在则先创建。注意第一次执行时未加任何选项报错，因为Chapter1中还有一个文件夹，如果想将文件夹内的所有子目录递归复制到目标路径，需要加-r（recursive）选项；如果想替换目标路径里已存在的同名文件，需要加选项-f（focus）。这两个选项在其他命令里也会用到。

如果希望复制多个文件到目标路径，比如复制a，b，c文件到文件夹dir，可以直接写成：

cp a b c dir

而对于源路径比较长的文件夹内的多个文件，如将 dir 文件夹下的 file1，file2，file3 文件复制到目标文件夹 targetDir。不需要多次重复写 dir 路径，只需要按以下格式编写命令：

cp dir/ {file1，file2，file3} targetDir。

执行结果如图5.42所示。

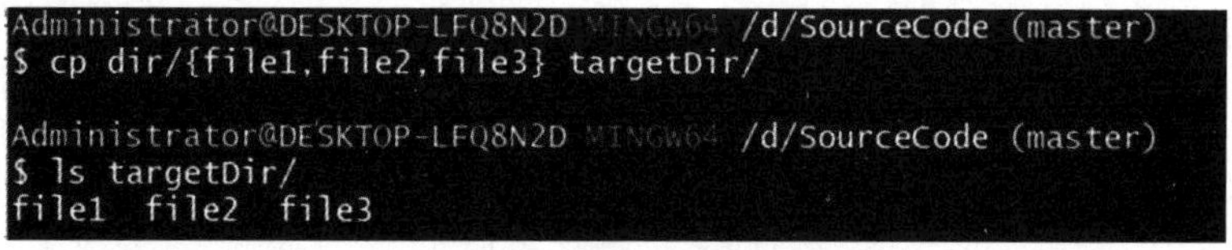

图5.42 bash命令行操作11

mv（move）：剪切命令，用法和cp命令的结构一样，这里将剪切当作重命名功能使用。

rm（remove）：删除命令，在使用shell命令进行系统管理时，如果登录账户的权限很高，需要慎重使用该命令。值得注意的是，图5.41中使用了通配符"*"。在shell中有时要使用这些特殊字符来匹配目标文件选择的范围，比如这里想表达的是所有以.exe结尾的文件。"*"代表的就是任意字符或字符串的意思。其他通配符还有：

?：代表任意单个字符。

[－]：代表有限范围的字符组模式，比如想表达任意以a，b，c字符开头的文件，可以写成：

[abc]* 或 [a-c]*。

比如对于cp例子中有规律命名的文件file1，file2，file3，也可以使用通配符完成匹配：

cp dir/file [1-3] targetDir

rm命令代码清除当前文件夹内所有的以.exe结尾的可执行文件。执行后的文件结构如图5.43所示。

```
Administrator@DESKTOP-LFQ8N2D MINGW64 /d/SourceCode/Chapter2
$ tree
.
|-- HelloWorldv2.c
|-- Max.c
|-- baseio.c
`-- test1
                    `-- test.c

1 directory, 4 files
```

图5.43　bash命令行操作12

tree命令是shell里的常用命令，可以方便地查看文件结构。但它不在默认的命令集里。在git bash中要想使用tree命令查看文件目录，可以下载tree命令的二进制文件：

https://sourceforge.net/projects/gnuwin32/files/tree/1.5.2.2/tree-1.5.2.2-bin.zip/download。

解压后，将其中的tree.exe复制到git安装路径下的usr/bin里。

4. 显示添加文件内容

在shell中直接显示文件内容的命令有很多。如果文件内容不多，可以直接使用cat命令。如图5.44所示。

```
Administrator@DESKTOP-LFQ8N2D MINGW64 /d/SourceCode/Chapter2
$ cat HelloWorldv2.c
#include <stdio.h>
int main(void)
{
    printf("Hello World\n");
    return 0;
}
```

图5.44   bash命令行操作13

其他分页显示文件内容的命令有more，less等，同学们可以自行查看它们的用法。图5.45所示的命令可以直接在文件中写入内容。

```
Administrator@DESKTOP-LFQ8N2D MINGW64 /d/SourceCode/Chapter2
$ echo "/*This is a test message*/" > test1/test.c

Administrator@DESKTOP-LFQ8N2D MINGW64 /d/SourceCode/Chapter2
$ cat test1/test.c
/*This is a test message*/
```

图5.45   bash命令行操作14

echo命令为打印字符串，默认换行。如果没有后面的输出重定位符号 ">"，它会将信息打印在标准输出shell上。具体可参考其他用法：

http://c.biancheng.net/linux/echo.html

输出重定位符号 ">"将本来默认作为命令产生信息的接收终端，改变为重定位以后的文件。echo打印的信息直接输入到了重定位的目标文件test.c中。这是覆盖写入的方式。如果想要以追加的方式输入文本信息，可以使用 ">>"符号（见图5.46）。

```
Administrator@DESKTOP-LFQ8N2D MINGW64 /d/SourceCode
$ echo  "/*This is a test message*/" >> Chapter2/HelloWorldv2.c

Administrator@DESKTOP-LFQ8N2D MINGW64 /d/SourceCode
$ cat Chapter2/HelloWorldv2.c
#include <stdio.h>
int main(void)
{
    printf("Hello World\n");
    return 0;
}
/*This is a test message*/
```

图5.46   bash命令行操作15

5. 查找文件

查找功能是shell操作里的重要功能，其命令格式如下：

find <搜索路径> <选项> <搜索内容>

其中，选项决定了本次搜索文件的方式，最为常见的选项为-name选项，即按照文件名查找。比如，如果想查找当前Chapter2文件夹中所有的C语言源文件，结合通配符，可以使用下面的指令：

find ./Chapter2 - name *.c

执行结果如图5.47所示。

图5.47 bash命令行操作16

可以选择按照文件类型来查找，选项为-type，一般文件为f，文件夹为d。如果想查找当前文件夹中所有的子目录，命令如下：

find . - type d

find功能强大，还有许多其他的选项及其用法对应的查找方式：

-size：按照文件大小查找；

-ctime：按照文件修改时间来搜索；

-perm：按照文件读写权限来搜索。

这些筛选条件可以使用逻辑运算符分隔：

-a: and逻辑与；

-o: or逻辑或；

-not: 逻辑非。

对于这些功能，当同学们有具体操作的需求时再深入了解它们的用法。现在列举一个在使用VSCode刷算法题目时常见的问题。随着题量的增加，目录的各个路径里充满了很多源文件编译生成的可执行文件.exe。如果想要只保存写过的这些题目的源文件，清理执行文件或在构建过程中产生的中间文件，后续学习Make工具时有专门清理这些中间文件的功能。但现在，可以简单使用find命令结合rm命令来清理.exe文件：

find . - name .exe -exec rm - rf {} \;

这里，命令的前半部分是查找所有.exe文件，-exec选项的作用是将前面find查找出的结果送到后面的命令中去执行，这里rm - rf是删除指令，{} 符号代表find找到的结果，也就是rm指令要执行的目标。最后的\;是配合-exec选项的固定格式。执行过程如图5.48所示。

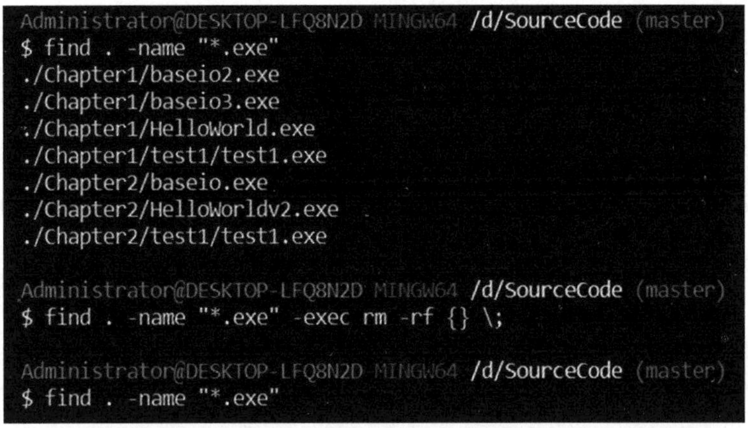

图 5.48　bash 命令行操作 17

有关 shell 的内容还有很多，感兴趣的同学可以自行学习有关管道、重定向、grep、awk 及 shell 脚本编程等一系列的内容。

第四节　编译第一个 VSCode 下的 C 语言程序

让我们回到 Chapter1 目录下，清空其他文件留下几个 C 源码文件，开始准备编译运行 C 语言程序。编译单个文件前，需要打开该文件并且保持在编辑区选中它。打开 HelloWorld.c 文件。

由于安装了 C/C++ 插件，VSCode 针对 GCC 的智能联想补全功能（IntelliSense）十分完备，图 5.49 代表 C/C++ 插件成功运行，配色、智能联想等功能正常工作。白色点代表当前文件处于尚未保存状态，编辑完成"Ctrl"+"S"快捷键保存后，接下来就可以尝试在 VSCode 中编译该文件了。但这里提醒各位初学的同学，一些常用的语法、关键字、数据结构要练习手写补全，以免过于依赖，导致脱离该编译环境后编程困难。

图 5.49　VSCode 编辑 C 源码

一、使用C/C++插件自带按钮编译C语言源文件

一般的IDE可以一键完成编译运行C语言源文件的工作。但本节开篇提到了VSCode初始状态下只是一个编辑器，如何让它和编译器联动工作就成了一个问题。早期的VSCode版本对于初学者不是很友好，编辑完C源码后不能像普通IDE那样一键编译运行。所以很多时候都要依赖Code Runner这样的第三方插件来实现编译运行的功能，但由此也会引起诸如中文编码乱码、默认运行窗口不能交互等一系列问题。好在安装新版本的VSCode C/C++插件以后，只要当前编辑区激活的是C语言源文件，就会出现执行按钮。点击下拉后选中"Run C/C++ File"选项进行编译运行，如图5.50所示。

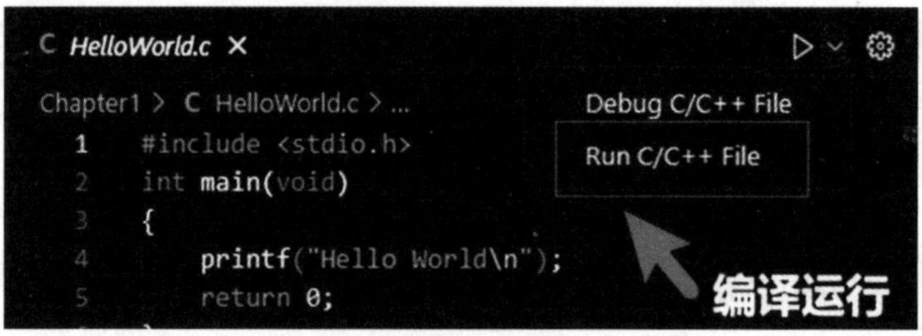

图5.50　VSCode编译运行C源码按钮

此时请注意，要想顺利进行编译，请确保完成第五章第一节中配置系统PATH变量的内容，以免编译出错。

点击"Run C/C++File"按钮后，第一次运行会出现一组选项，如图5.51所示。

图5.51　配置编译任务

接下来会自动弹出面板区域，第一次运行窗口会停留在DEBUG CONSOLE调试窗口，切换到terminal查看运行结果，在terminal面板中启动两个终端。一个是编程生成任务执行情况终端，如果显示生成已成功完成，代表可执行文件编译生成成功。如图5.52所示。此时自动切换到另一个终端，在VSCode默认shell中执行编译好的可执行程序。同时在工作目录内的.vscode文件夹内自动生成了一个tasks.json文件。如图5.53所示。

图5.52　运行生成任务并运行可执行文件

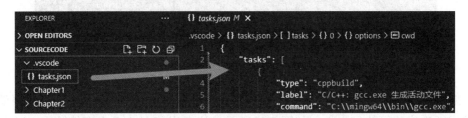

图5.53　生成tasks.json文件

如果第一次使用VSCode的C/C++插件自带的Run按钮，同学们可能会对这一系列过程有些困惑。简单来说，C/C++插件首先配置了一个VSCode任务，该任务用来调用GCC编译器进行编译，在tasks.json文件中具体定义了任务细节。有关VSCode中的任务功能（task），我们在后文再具体讨论。VSCode执行该任务，成功生成可执行文件后C/C++插件又自动在shell中运行了该程序。这就引出了一些问题，每次点击C/C++插件自带的Run按钮，shell结果中除了程序运行结果还附带了其他信息，如果想要终端干净地运行执行文件该怎么做呢？而且如果想单纯地运行可执行程序，不要每次都编译，又该怎么做呢？在上一节中，我们练习了一些shell命令的用法，下面我们来尝试每次直接在shell中使用GCC命令编译该C源码。

二、在终端中直接执行GCC编译源文件

直接在shell里运行编译指令是非常方便的选择。在安装MinGW时，曾经在Windows的shell里执行了gcc－v指令查看编译器的安装情况。有了shell的一些操作基础，完全可以在shell跳过其他窗口直接使用GCC编译指令来直接编译源码。这里我们先切换到源码所在的目录：

cd ./Chapter1

在其中输入gcc编译指令：

gcc －o ./HelloWorld ./HelloWorld.c

经常在Linux下利用命令行工作的同学会对上述指令非常熟悉，这里简单解释下它的意思，如同gcc－v一样，gcc代表所要执行的命名，－o是该命名的选项，这里o代表object，接在后面的参数代表编译要生成的目标文件。虽然这里没有指明扩展名，但默认会生成.exe可执行文件。最后的参数代表需要编译的源码。执行完的结果如图5.54所示。

图5.54　shell中运行GCC命令

如果生成过程没有错误，可执行文件会生成在源码所在的目录下。可以在终端中直接运行生成的可执行文件。如图5.55所示。注意当前在shell中直接输入GCC可以运行是因为我们配置过系统路径变量PATH。如果 $ 符号后直接写HelloWorld.exe，即使shell当前的工作目录切换到HelloWorld.exe所在的路径，系统也会因为找不到可执行程序而无法运行。所以，要给出HelloWorld.exe的完整路径，才能在shell中运行它。有关路径的问题在本章第三节中专门讨论过，请同学们注意。

```
Administrator@DESKTOP-LFQ8N2D MINGW64 /d/SourceCode/Chapter1
$ ./HelloWorld.exe
Hello World
```

图5.55　shell执行生成的可执行程序

三、定义task编译运行源文件

在前文中我们使用外部插件和在终端运行gcc命令的方式成功地编译运行了C源码。在VSCode中可以通过定义task来完成一些自动化的重复工作，典型的包括代码编译、多文件工程的构建、代码检查等。只不过一些插件可以自动生成这些任务而不需要用户了解具体的过程。比如，如果安装了C/C++官方插件，就可以自动构建C/C++的编译task，用它来编译生成可执行文件。

如果不想依赖第三方插件编译运行源码，官方给出的教程为：

https://code.visualstudio.com/docs/cpp/config-mingw#_build-helloworldcpp。

这里，我们先来练习更为通用的使用VSCode中的task功能的方式，以便看懂配置task的JSON数据，以及定义task做其他工作的方法。让我们删除.vscode文件夹内之前生成的tasks.json文件，以便可以从头通过task模板建立一个最简单的在终端进行打印的task。

点击"Terminal"→"Configure Task"。选择从模板建立tasks.json文件。从内置的几个模板类型中选择"Others"如图5.56所示。

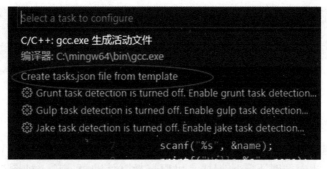

图5.56 从模板建立task

之后会在当前工作区下的.vscode文件夹内生成tasks.json文件，该文件夹内的.json文件用来保存针对该工作空间的一些设置选项。tasks.json文件内容如下：

```
    // See https://go.microsoft.com/fwlink/? LinkId=733558
    // for the documentation about the tasks.json format
    "version": "2.0.0",
    "tasks": [
        {
            "label": "echo",
            "type": "shell",
            "command": "echo Hello"
        }
    ]
```

tasks.json_1

和前面在配置设置选项时一样，这里的JSON数据定义了一个基本的打印task。各个属性的功能具体如下：

label：定义了该任务的名称。

type：代表该任务执行的类型，如果是shell就会在系统的shell下执行该task。如果选择了process，则会作为单独的进程来运行，例如可以执行打开浏览器等任务。

command：具体执行的命令的文本。

要想执行该task，需要点击"Terminal"→"Run Task"选项，点击刚刚生成的名称为echo的task。如图5.57所示。

图5.57 run echo task 1

后续弹出的选项询问是否要扫描输出结果。这是VSCode里的问题匹配器的功能，它用来扫描输出结果，根据输出文本中错误或警告的信息在源文件或错误面板里定位显示。这里我们暂时不需要扫描，可以选择默认的第一项。如图5.58所示。

图5.58 run echo task 2

执行后的结果如图5.59所示。

图5.59 run echo task 3

在task的json文件中，还有一个参数属性（args）非常常用。假如想修改echo任务的打印内容，打印输出Hello World文本，如果直接修改command属性的内容为：

"command": "echo Hello World"

输出结果如图5.60所示。

图5.60 执行echo任务

这是因为shell在解析命令文本时，echo是打印指令，它的命令格式认为空格分隔的是两个参数，所以分行打印了两个内容，但此时空格本身也是输出文本的一部分，这在使用shell进行命令行操作时是常见的问题。解决方式是：用双引号将文本部分标注一下。但JSON中属性值已经用双引号标注了，所以用单引号替代如下：

"command": "echo ′Hello World′"

此时如果加入args属性来定义命令所要输入的参数就会很清晰，运行后会正常打印Hello World。

```
{
    // See https://go.microsoft.com/fwlink/? LinkId=733558
    // for the documentation about the tasks.json format
    "version": "2.0.0",
    "tasks": [
        {
            "label": "echo",
            "type": "shell",
            "command": "echo",
            "args": ["Hello World"]
        }
    ]
}
```

tasks.json_2

有了定义一个task的基本概念以后，让我们来运行针对.c文件生成.exe文件的构建任务。由于安装了C/C++插件，即使在本地的.vscode里面没有配置该构建任务，针对.c文件的构建任务也已经存在。现在将主编辑界面切换回一个C语言源文件，点击"Terminal"→"Run Build Task"，运行Build任务组里已存在的task，弹出下拉菜单里会列出针对.c文件已存在的task，名为"C/C++:gcc.exe生成活动文件"。如图5.61所示。

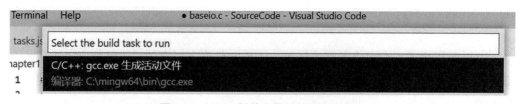

图5.61 C/C++插件自带的编译源码任务

在终端中会显示生成.exe文件的信息，如果没有编译错误，会有可执行文件生成。如图5.62所示。

PROBLEMS   OUTPUT   **TERMINAL**   DEBUG CONSOLE

> **Executing task: C/C++: gcc.exe 生成活动文件 <**

正在启动生成...
C:\mingw64\bin\gcc.exe -fdiagnostics-color=always -g F:\SourceCode\Chapter1\baseio.c -o F:\SourceCode\Cha
io.exe
生成已成功完成。

Terminal will be reused by tasks, press any key to close it.

图5.62　执行C/C++编译构建任务

现在让我们查看该任务的具体JSON配置信息。点击"Terminal"→"Configure Tasks"，点击名为"C/C++:gcc.exe生成活动文件"任务，可以看到在.vscode/task.json中多了一个任务，对应的JSON数据格式如下：

```
{
            "type": "cppbuild",
            "label": "C/C++: gcc.exe 生成活动文件",
            "command": "C:\\mingw64\\bin\\gcc.exe",
            "args": [
                "-fdiagnostics-color=always",
                "-g",
                "${file}",
                "-o",
                "${fileDirname}\\${fileBasenameNoExtension}。exe"
            ],
            "options": {
                "cwd": "${fileDirname}"
            },
            "problemMatcher": [
                "$gcc"
            ],
            "group": "build",
            "detail": "编译器: C:\\mingw64\\bin\\gcc.exe"
}
```

tasks.json_3

这里面描述了一个生成类型的任务，工作文件夹下所有的C源码都可以按照此方案编译生成可执行文件，而且多了一些属性。下面具体来看看该模板是怎样描述一个任务的。

args：描述了一系列要传递给command，也就是GCC执行的命名行的参数。其中，-g代表生成的目标文件加入了调试信息；-o代表生成的目标文件；$ {} 代表一些预定义的变量，例如$ {file} 在执行时会替换成当前选定的文件，$ {fileDirname} 为文件所在文件夹路径。可以看出，命令加参数一起构成的命令行和我们之前在终端中执行的命令行基本一致。常见的还有 $ {workspaceFolder} 打开的工作空间的完整路径，$ {fileBasename} 当前打开的文件的文件名等。

有关VSCode中JSON其他的预定义变量可以在官方文档中查到：

https://code.visualstudio.com/docs/editor/variables-reference。

kind：代表该任务所在组，这里为 Build 组。VSCode 中的任务组可以为 Build、test、none。在命令面板执行时可以选择 Run+任务组名+任务名的方式选择组内的任务。由于 Build 组任务常用，在 Terminal 里有专门的选项。

可以在"Terminal"→"Configure Default Build Task"里将当前任务设置为 Build 组里的默认任务，这样在 tasks.json 里 group 属性变为：

```
    "group": {
                    "kind": "build",
                    "isDefault": true
    },
```

isDefault：如果为 true，则该任务为该组任务的默认任务，这样使用 Build 快捷键"Ctrl"+"Shift"+"B"就会快速触发该任务，但要注意先将当前文件调整到要编译的源码的位置，否则会报错，将之前生成的可执行文件删除。

option：附加命令，cwd 可以指定 task 启动时的工作目录。

充分利用 VSCode 中的智能提示功能可以快速准确地配置 JSON 文件，比如图5.63中启动智能提示可以看到可能的其他 task 的属性。在 VSCode 中启动智能提示的快捷键为"Ctrl"+"Space"，或在命令面板执行"Trigger Suggsest"。这在编写源文件时也非常常用。

这里 presentation 属性用来控制 task 在集成终端的显示情况，dependsOn 属性确定该任务是否依赖其他任务执行等。在用到时可以在官方文档中查看具体用法。

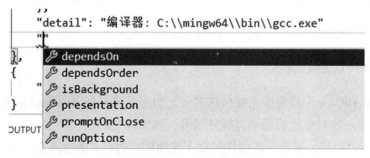

图5.63 tasks.json 的其他属性

生成可执行文件之后只需要在 shell 中手动执行就可以了。官网有关 tasks.json 的其他具体写法为：

https://code.visualstudio.com/Docs/editor/tasks。

当然，通过自定义的task实现在shell中运行可执行文件也是可以的，请同学们自行查阅相关文档，尝试编写这样的task。

可以看到，使用tasks.json执行Build任务实质上就是执行JSON里command及args字段描述的指令，本质上和直接在shell里执行相关指令是一样的。注意上述task里在GCC指令后加入了-g选项。只有加入了调试信息的可执行文件才能够被调试器调试。如图5.64所示。

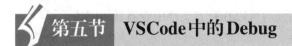

图5.64 加入调试信息的可执行文件

如果在shell里重新用GCC指令不加-g选项编译HelloWorld.c为HelloWorldv2.exe，比较它与HelloWorld.exe之间的区别，会发现虽然它们的功能是一样的，但是没有加入调试信息的可执行文件体量明显要小。在实际发布一些应用的release版本时，一般要去掉这些调试信息。

第五节　VSCode中的Debug

一、第一次启动调试

Debug是VSCode中的重要功能模块之一，为多种支持的开发语言提供了统一的调试界面，只需安装对应的编程语言插件即可。如果同学们已经在上一节成功地编译执行了一个C语言程序，那么只需要按照以下步骤即可进行C语言源文件的debug。

让我们将主编辑界面切换到带输入输出交互的待调试的C语言源文件baseio.c，在输入语句的行号前点击设置一个断点。注意工作文件夹中是否有.vscode文件夹。此时.vscode文件夹里保存了上一节配置的tasks.json文件，里面保存了task，"C/C++：gcc.

exe生成活动文件"。可以保留该文件。如果还存在launch.json文件，可以删除后进行后续操作。

在新版的VSCode中启动调试很容易，只需要将要调试的源文件激活到正面的编辑区，然后在活动栏里切换到调试功能，点击"Run and Debug"即可，或者在菜单"Run"→"Start debug"里启动。如图5.65所示。

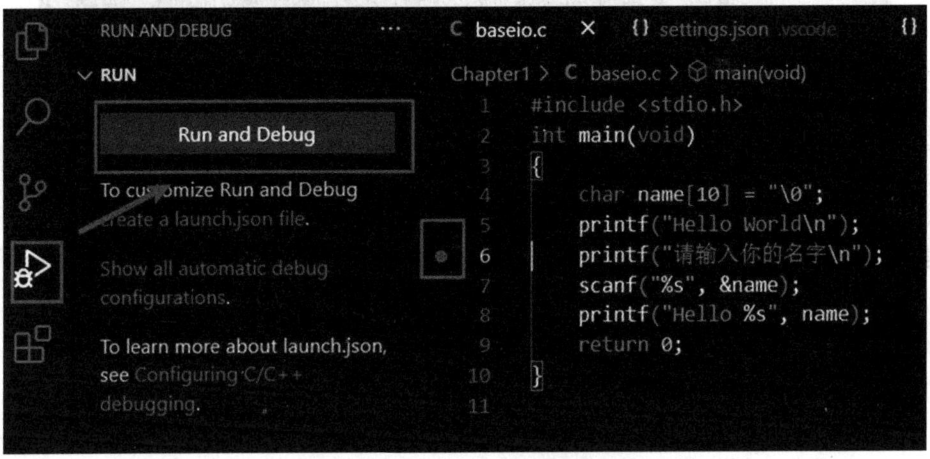

图5.65　启动VSCode调试

之后点击图5.66中的"C/C++: gcc.exe生成和调试活动文件"，执行启动调试任务。注意它的提示，该调试任务的前置任务名为"C/C++: gcc.exe 生成活动文件"，也就是我们上一节已经生成的Build任务。这很好理解，调试需要在源文件编译成功生成可执行文件之后进行。即使.vscode中的tasks.json原来不存在，直接启动debug时C/C++插件会自动生成Build任务，其label也叫"C/C++: gcc.exe 生成活动文件"，只不过detail里会注明是"调试器生成的任务"。

图5.66　选择要启动的调试任务

调试任务运行后，VSCode进入调试状态，如图5.67所示。调试前会先执行前置任务，像Run Build Task一样首先执行编译生成可执行文件的过程。程序的运行结果会显示在一个新建的终端cppdbg中并且等待输入。程序运行之前的一段命令文本提示的是使用gdb在调试模式运行程序，如果不另外添加断点，程序和直接在shell里执行的效果一样。最下方为调试侧边栏，表示当前处于调试运行状态。

图 5.67　VSCode 启动 debug 任务

在编辑器上面会出现调试工具栏，上面的功能按键和一般的 IDE 调试器一样，也是 continue，step over，step in 等功能，鼠标悬停时可见。侧边栏显示的 locals，Watches，callstacks 等调试窗口的功能与第二章 CodeBlock 中介绍的 Watches 窗口的相关内容基本一致。对于希望持续跟踪的变量，可以右键点击选择"Add to Watch"，在 Watches 里添加。

至此可以看到，第五章第四节中点击 C/C++ 插件的"Run C/C++ file"按钮实际上执行的是去掉断点和调试界面的调试任务。

这里需要特别说明的是，当前点击"Run and debug"（F5）进行调试相当于每次都构建一个临时的调试任务。像使用 tasks.json 定义任务一样，VSCode 一直以来都是通过 launch.json 文件配置启动任务的形式定义调试任务，在旧版本的 VSCode 中，运行 Debug 会在 .vscode 文件夹中直接自动生成 launch.json 文件，可以清晰地通过该 JSON 文件查看 debug 时的各种设置。新版本的 VSCode 默认隐藏了上述过程，点击"Run and debug"时不再强制生成该文件。这对于调试不复杂的单文件程序一般是可以的，但如果需要调试多文件工程或想具体设置 debug 时的一些动作，该文件还是必要的。

点击源码右上角运行按钮边上的齿轮图标，可以选择生成源文件的调试任务所对应的 launch.json 文件，如图 5.68 所示。

图 5.68　选择调试任务生成 launch.json 文件

调试任务 "C/C++: gcc.exe 生成和调试活动文件" 的 launch.json 文件如下：

```
{
    "configurations": [
        {
            "name": "C/C++：gcc.exe 生成和调试活动文件",
            "type": "cppdbg",
            "request": "launch",
            "program":"${fileDirname}\\${fileBasenameNoExtension}。exe",
            "args": [],
            "stopAtEntry": false,
            "cwd": "${fileDirname}",
            "environment": [],
            "externalConsole": false,
            "MIMode": "gdb",
            "miDebuggerPath": "C:\\mingw64\\bin\\gdb.exe",
            "setupCommands": [
                {
                    "description": "为 gdb 启用整齐打印",
                    "text": "-enable-pretty-printing",
                    "ignoreFailures": true
                },
                {
                    "description": "将反汇编风格设置为 Intel",
                    "text": "-gdb-set disassembly-flavor intel",
                    "ignoreFailures": true
                }
            ],
            "preLaunchTask": "C/C++: gcc.exe 生成活动文件"
        }
    ],
    "version": "2.0.0"
}
```

默认调试任务对应的 launch.json 文件

program 和 miDebuggerPath 是两个比较重要的字段，前者描述了要进行调试的目标程序，如果在 shell 中手动编译多文件生成的可执行文件名不是按照 launch.json 默认给出的命名格式命名，就需要进行修改。后者指定调整器的具体路径。可以看到，VSCode 搭配 MinGW 编译套件所使用的调试器为 gdb。

stopAtEntry：调试时是否在程序入口处停止。

externalConsole：是否使用系统外部的终端运行调试的程序。很多同学更习惯在调试时使用独立的 Windows 系统终端观察程序运行效果。

对于带参数的程序，可以将参数直接写在 args 字段内。

更多launch.json的具体配置选项功能，可以参考官方文档：https://code.visualstudio.com/docs/cpp/launch-json-reference。

二、gdb直接调试

1. gdb基本命令使用

如同执行编译功能实际是运行GCC指令一样，无论是CodeBlock还是VSCode，进行调试时实际运行的是MinGW编译组件里的gdb调试工具，只不过通过IDE界面将gdb调试生成的信息更为友好地表达了出来。既然可以在shell里运行GCC进行编译，那么直接使用gdb命令进行调试也是可以的。原生的gdb调试工具功能非常全面，在一些缺乏IDE界面工作场景中，直接在shell中使用gdb进行代码调试更为必要。

让我们尝试使用gdb调试下面一段代码，熟悉一下gdb的一些常用指令：

```c
#include<stdio.h>
#include<stdlib.h>
int getSum(int num,long * res)
{
    if (res==NULL)
    {
        return -1;
    }
    for (int i = 0; i <= num; i++)
    {
        res+=i;
    }
    return 0;
}
int main(int argc,char * args[])
{
    int num=0;
    if (argc>1)
    {
        num=atoi(args[1]);
    }
    long res=0;
    getSum(num,&res);
    printf("数字和[0- %d] 为 %ld\n",num,res);
    return 0;
}
```

sum.c

这是一个带参数的程序，输入正整数参数后求1至该参数的和。编译生成可执行文件sum.exe以后，我们先运行该程序，求1~100的和。在bash中直接执行该程序，结果为0，显然这是一个存在着逻辑bug的源码。

现在让我们尝试用gdb调试该程序，在命令行中使用以下命令进行gdb调试：

gdb ./sum.exe

注意要确保生成 sum.exe 时 GCC 指令使用了 -g 选项。进入 gdb 调试后首先显示一段有关 gdb 介绍的相关文本。如果不想显示它们，可以在命令行指令中加入 -q（quiet）选项。之后可以在（gdb）的光标后输入各种 gdb 命令进行调试。如图 5.69 所示。

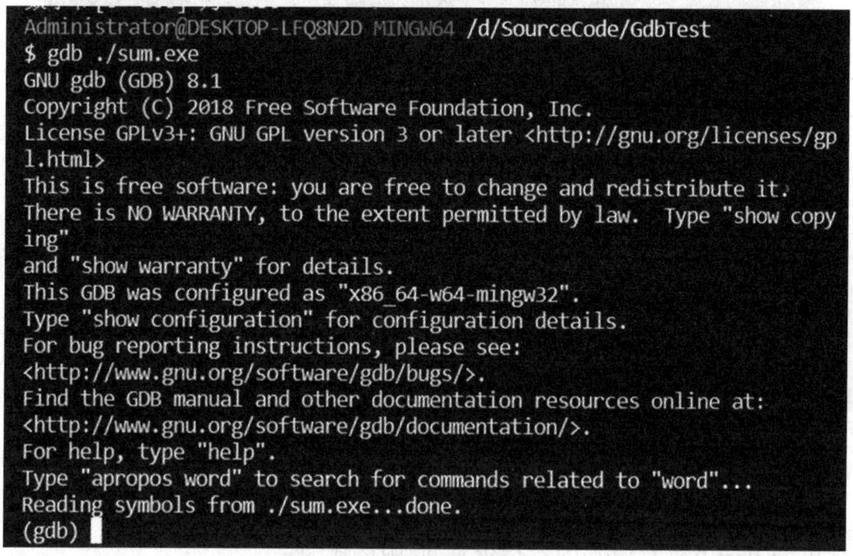

图 5.69 gdb 命令行调试 1

gdb 常用调试指令的简单介绍见表 5.1，让我们在调试这个程序的过程中练习一下它们的具体使用方式。

表 5.1 gdb 常用指令 1

gdb 指令（缩写）	功能概述
list（l）	列出源码内容
print（p）	查看指定变量的值
run（r）	运行程序至断点处
start	开始执行，在程序入口第一条指令处停止
break（b）	设置断点
info（i）	查看断点、观察点信息
delete（d）	删除断点
continue（c）	继续运行至下一个断点
step（s）	单步执行，如果遇到函数进入
next（n）	单步执行，遇到函数不进入
finish（fin）	运行至当前函数结束，并打印返回值及堆栈参数相关信息
until（u）	后接行号，略过循环运行到该位置，一般用于运行至当前循环体结束
quit（q）	退出 gdb

gdb命令r为运行程序至断点处，如果没有断点，程序直接从头执行到尾，直接在r的后面对应参数100即可。如图5.70所示。

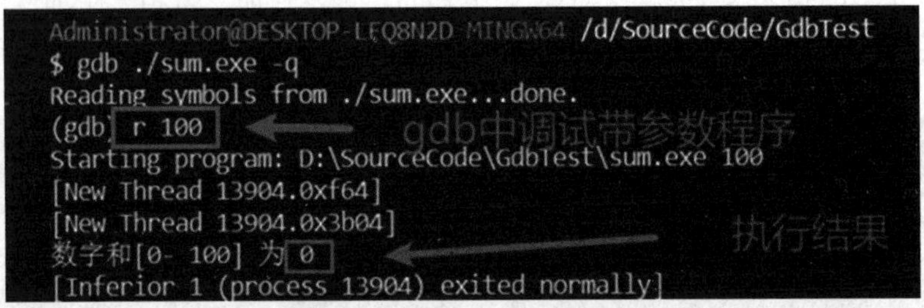

图5.70　gdb命令行调试2

执行结果为0，与bash中的执行结果一致，程序在gdb调试下如果想重新运行，那么再次输入r指令即可。如图5.71所示。

```
(gdb) r 100
The program being debugged has been started already.
Start it from the beginning? (y or n) y
```

图5.71　gdb命令行调试3

在这里练习一下查看源码内容指令l，使用格式为：

l（list）　+　［行数|函数|file:函数］：

l main：查看main函数前后10行的内容。

l 2，15：查看2至15行的内容。

如图5.72所示。

```
(gdb) l main
11                  res+=i;
12              }
13              return 0;
14          }
15          int main(int argc,char * args[])
16          {
17              int num=0;
18              if (argc>1)
19              {
20                  num=atoi(args[1]);
(gdb) l 2,15
2           #include<stdlib.h>
3           int getSum(int num,long * res)
4           {
5               if (res==NULL)
6               {
7                   return -1;
8               }
9               for (int i = 0; i <= num; i++)
10              {
11                  res+=i;
12              }
13              return 0;
14          }
15          int main(int argc,char * args[])
```

图5.72　gdb命令行调试4

让我们逐步排查程序问题，首先查看输入的参数是否正确地传入num，设置断点至22行。r指令运行到该处停止，并查看num的值。过程如图5.73所示。

```
(gdb) b 22
Breakpoint 1 at 0x4015d1: file D:\SourceCode\GdbTest\sum.c, line 22.
(gdb) r 100
Starting program: D:\SourceCode\GdbTest\sum.exe 100
[New Thread 12500.0x1c84]
[New Thread 12500.0x1398]

Thread 1 hit Breakpoint 1, main (argc=2, args=0x1d14b0)
    at D:\SourceCode\GdbTest\sum.c:22
22          long res=0;
(gdb) p num
$1 = 100
```

图5.73　gdb命令行调试5

这里设置断点指令b（break）的使用格式为：

b（break）+ ［行数|函数| file:行数|函数］

条件断点格式:

b（break）+ if（expression）

使用p指令查看num的值为100，此时程序运行正确。注意当前程序停止在22行，尚未执行22行，后续使用s指令单步运行时也一样，执行后显示下一行待执行的指令。

再次使用函数getSum设置断点，用i指令查看所有的断点信息，如图5.74所示。

```
(gdb) b getSum
Breakpoint 2 at 0x40155f: file D:\SourceCode\GdbTest\sum.c, line 5.
(gdb) i b
Num     Type           Disp Enb Address            What
1       breakpoint     keep y   0x00000000004015d1 in main
                                                   at D:\SourceCode\GdbTest\sum.c:22
        breakpoint already hit 1 time
2       breakpoint     keep y   0x000000000040155f in getSum
                                                   at D:\SourceCode\GdbTest\sum.c:5
```

图5.74　gdb命令行调试6

使用d指令删除1号断点，结果如图5.75所示。

```
(gdb) d 1
(gdb) i b
Num     Type           Disp Enb Address            What
2       breakpoint     keep y   0x000000000040155f in getSum
                                                   at D:\SourceCode\GdbTest\sum.c:5
```

图5.75　gdb命令行调试7

用c指令运行到2号断点处，程序停止在getSum函数入口处。如图5.76所示。

```
(gdb) c
Continuing.

Thread 1 hit Breakpoint 2, getSum (num=100, res=0x61fe18)
    at D:\SourceCode\GdbTest\sum.c:5
5          if (res==NULL)
```

图 5.76   gdb 命令行调试 8

设置断点至第 9 行 for 循环处，此时 s 指令单步执行会反复执行该循环，查看 res 值为十六进制 0x61fe18。如图 5.77 所示。

```
Thread 1 hit Breakpoint 1, getSum (num=100, res=0x61fe18) at D:\SourceCode\Gdb
9          for (int i = 0; i <= num; i++)
(gdb) s
11              res+=i;
(gdb) s
9          for (int i = 0; i <= num; i++)
(gdb) p res
$4 = (long int *) 0x61fe18
```

图 5.77   gdb 命令行调试 9

使用 u 指令跳出循环，后面可以接要跳出的位置，停留在循环后的语句，此时再次查看 res，以及它指向的变量值，发现一直在累加的是 res 指针，而不是 res 指向的变量。累加后的 res 指向的地址已经溢出，无法查看对应的值，如图 5.78 所示。至此定位错误，图 5.72 中第 11 行应该修改为：

$$(*res) +=i$$

如图 5.78 所示。

```
(gdb) u
13              return 0;
(gdb) p res
$6 = (long int *) 0x624d00
(gdb) p *res
Cannot access memory at address 0x624d00
```

图 5.78   gdb 命令行调试 10

2. gdb 其他命令使用

gdb 的其他常用指令如表 5.2 所列。

表 5.2   gdb 常用指令 2

gdb 指令（缩写）	功能概述
ptype	查看变量类型
watch	跟踪变量、表达式值，如果有变化则停止
display	跟踪某个变量的值
undisplay	后面加编号取消设置跟踪变量
backtrace(bt)	查看函数调用堆栈

让我们再看一个例子，练习使用gdb中其他的一些常见功能。测试源码arrayIntSort.c
如下：

```c
#include<stdio.h>
#include<string.h>
#include<time.h>
#include<stdlib.h>
const int SIZE=100;
void printArray(int array[],int len)
{
    for (size_t i = 0; i < len; i++)
    {
        printf("%d ",array[i]);
    }
    putchar('\n');
}
int * genArray(int len)
{
    nt array[len];
    for (size_t i = 0; i < len; i++)
    {
        int tmp=rand()%SIZE;
        array[i]=tmp;
    }
    printArray(array,len);
    return array;
}
void sortArray(int array[],int len)
{
    i
    int tmp;
    for (size_t i = 0; i < len-1; i++)
    {
        for (size_t j = i+1; j < len; j++)
        {
            if (array[i]>array[j])
            {
                tmp=array[j];
                array[j]=array[i];
                array[i]=tmp;
            }
        }
    }
}
```

```
        printArray(array,len);
}
int main(int args,char *argv[])
{
        srand(time(0));
        int * array;
        array=genArray(10);
        sortArray(array,10);
        return 0;
}
```

arrayIntSort.c

该程序随机生成100以内的10个数并进行排序。其实在编译阶段，程序就已经给出了严重的警告。这里假设忽略警告继续运行编译后的程序，可以看到，程序报出段错误，证明代码执行过程中可能存在内存非法访问的问题。如果源码内容很多，一下子定位到错误的位置就很困难。如图5.79所示。

图5.79　gdb命令行调试11

在gdb中直接运行该程序，结果如图5.80所示。

```
Administrator@DESKTOP-LFQ8N2D MINGW64 /d/SourceCode/GdbTest
$ gdb arrayIntGdb.exe -q
Reading symbols from arrayIntGdb.exe...done.
(gdb) r
Starting program: D:\SourceCode\GdbTest\arrayIntGdb.exe
[New Thread 5584.0x3b8]
[New Thread 5584.0x1d5c]
60 76 0 34 57 35 22 88 83 76            异常代码位置

Thread 1 received signal SIGSEGV, Segmentation fault.
0x00000000004016ab in sortArray (array=0xa, len=10) at D:\So
31              if (array[i]>array[j])
(gdb)
```

图5.80　gdb命令行调试12

可以看到，在gdb中运行具有段错误的程序，会直接停止在异常代码处，报出产生段错误的位置，这对于我们debug非常便利。此时应查看排序函数中待排序数组array的内容。

查看函数调用堆栈的命令为bt，如图5.81所示。

图5.81 gdb命令行调试13

此时，函数调用堆栈的最上面为sortArray函数，作为形参传递的数组地址，array可以看作指针，用p指令直接查看它的值，结果如图5.82所示。

图5.82 gdb命令行调试14

当前该指针指向的地址为0x0，按照程序的设想，此时的array应该已经存放好了随机产生的数据。但此时array指向的地址为空。证明调用该函数的main函数内并没有像预想的一样把genArray函数生成的随机数组作为返回值传递。

下一步，在genArray函数位置设置断点重新执行，在genArray内，array为栈上开辟的局部数组。gdb里数组名和C语言中的定义有所不同，gdb里的数组名代表整个数组类型，直接用p查看array会显示整个数组。要想查看数组地址，还需要对array取地址如图5.83所示。

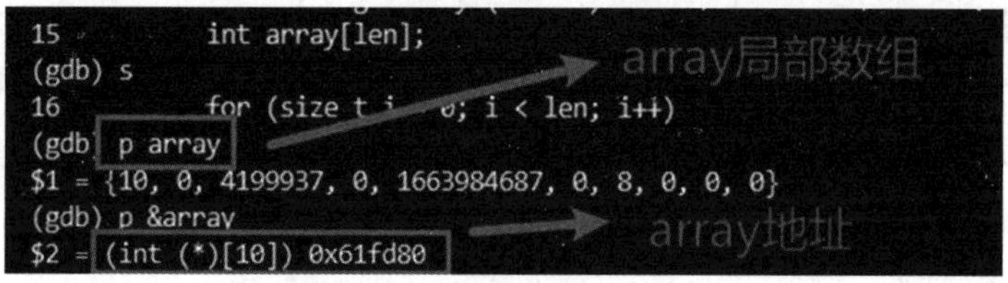

图5.83 gdb命令行调试15

下一步进入循环产生每个数组元素的随机值，在循环中如果想查看当前的i值，不需要每次都用p打印，可以使用display命令实时显示。如果不需要显示，使用undisplay命令加序号取消。如图5.84所示。

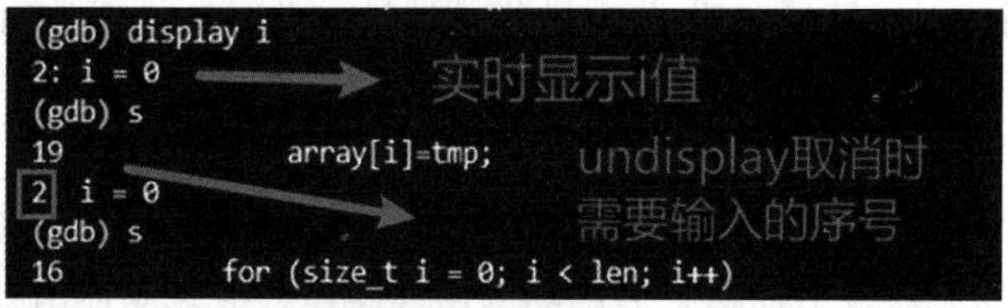

图5.84 gdb命令行调试16

查看每次循环时数组内容的变化，可以使用watch命令建立观察点，这是一种特殊的断点。这样每次执行continue时如果array有变化都会停止。如图5.85所示。

```
(gdb) watch array
Watchpoint 5: array
(gdb) c
Continuing.

Thread 1 hit Watchpoint 5: array

Old value = {63, 0, 4199937, 0, 1663986649, 0, 8, 0, 0, 0}
New value = {63, 85, 4199937, 0, 1663986649, 0, 8, 0, 0, 0}
genArray (len=10) at D:\SourceCode\GdbTest\arrayIntGdb.c:16
16              for (size_t i = 0; i < len; i++)
2: i = 1
```

图5.85　gdb命令行调试17

最终会观察到，所有10个随机数组元素都产生完毕。准备进入printArray显示。如图5.86所示。

```
(gdb) s
printArray (array=0x61fd80, len=10) at D:\Sour
7              for (size_t i = 0; i < len; i++)
(gdb) p array
$6 = (int *) 0x61fd80
```

图5.86　gdb命令行调试18

在printArray中，array也是形参传递的数组指针，直接使用p查看仅仅会显示它的地址。寻访array为起始地址，后面的10个int大小的内存内容的写法为：

p *array@10

如图5.87所示。

```
(gdb) p *array@10
$8 = {62, 28, 91, 95, 5, 39, 97, 48, 91, 61}
```

图5.87　gdb命令行调试19

其中"@"符号用于查看数组内元素，"@"前接要查看的起始数组元素，不可以是地址，所以用解引用符号"*"指向数组首地址。此写法也更常用于查看malloc等函数开辟的堆上内存的内容。可以看到，这里的array被顺利传入了。

至此可以确定问题所在：在函数中返回了局部变量的地址。genArray中的array是局部变量，将它的地址返回到调用函数是不行的。因为array只在genArray被调用期间存续。genArray执行完毕返回后，对应的存储这些局部变量的栈内存就被释放掉了，在调用函数里不能再寻访这些内存。编译器直接将这样的行为处理成返回空指针。printArray里之所以还可以顺利使用array是因为它是被调用函数，此时genArray还存在，其局部变量的内存仍然有效。

要想正确实现 genArray 函数的功能也很容易，只需要将其改写成用 malloc 在堆上开辟内存即可。只要程序员不主动释放，申请的内存在整个程序运行期间都有效。

```c
int * genArray(int len)
{
    /* int array[len]; */
    int * array=(int *)malloc(sizeof(int)*len);
    memset(array,0,sizeof(int)*len);
    for (size_t i = 0; i < len; i++)
    {
        int tmp=rand()%SIZE;
        array[i]=tmp;
    }
    printArray(array,len);
    return (int *)array;
}
```

改写的 genArray 函数

值得一提的是，上面所有练习过的 gdb 指令都可以在 VSCode 中的 DEBUG CONSOLE 窗口中使用。用法和效果与在 shell 中启动 gdb 调试基本一致。如图 5.88 所示。

图5.88 在 DEBUG CONSOLE 中运行 gdb 命令

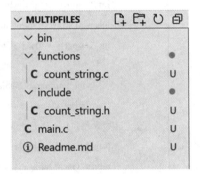

第六节　VSCode 多文件项目

一、修改 JSON 文件编译多文件工程

在 IDE 中编译多工程文件相对简单，只要配置选项正确，整个构建过程几乎对编程者是透明的。但 VSCode 在执行 Build 任务时需要通过 JSON 文件指定执行具体的构建过程。对于相对大一些的工程，甚至需要 Make，CMake 工具来具体描述整个工程的文件依赖关系及生成方法。下面先从简单的例子入手，开始 VSCode 下的多文件编译练习。假设一个项目的文件夹结构如图 5.89 所示。

图 5.89　VSCode 多文件编译

其中，main.c 是主控制文件，放在最外面。functions 文件夹里存放一些实现具体函数功能的源文件，对应的自定义的头文件放在 include 文件夹里。最终的可执行文件放在 bin 文件夹下。各个源文件的内容如下：

```c
#include<stdio.h>
#include". /include/count_string.h"
int main(int argc, char const *argv[])
{
    char str[]="This is a test string\n";
    int charNum=0;
    charNum=count_string(str);
    printf("String len is %d",charNum);
    return 0;
}
```

main.c

```c
#include ". . /include/count_string.h"
#include <stdio.h>
int count_string(char *str)
{
    int num=0;
    while (str[num]! ='\0')
    {
        num++;
    }
    return num;
}
```

count_string.c

```
#ifndef _COUNT_STRING
#define _COUNT_STRING
int count_string(char *);
#endif
```

count_string.h

可以看到，源码中include指令指示了头文件的路径。VSCode最终是使用GCC命令来编译生成可执行文件的。让我们先尝试在命令行中使用GCC命令编译该工程。执行的指令如下：

gcc .\main.c .\functions\count_string.c -o ./bin/main.exe

执行结果如图5.90所示。

```
PROBLEMS    OUTPUT    TERMINAL    DEBUG CONSOLE

PS F:\SourceCode\Multipfiles> gcc .\main.c .\functions\count_string.c -o ./bin/main.exe
PS F:\SourceCode\Multipfiles> .\bin\main.exe
String len is 22
PS F:\SourceCode\Multipfiles>
```

图5.90　gcc命令直接编译多文件

也就是说，在预处理指令include指示了自定义头文件的位置，同时GCC命令接多个源文件，就可以在多文件链接编译之后输出可执行文件。

如果此时希望像编译单个文件一样通过运行"Run Build Task"来编译此项目，那么会报错。因为C/C++插件提供的Build任务模板不适合此时项目的具体情况。点击"Terminal"→"Configure Tasks"，打开"C/C++: gcc.exe 生成活动文件"的JSON配置文件。

修改图5.91中的对应的参数属性，将源文件按照路径加入，同时将输出位置定位到bin下。注意这里"*.c"的写法，"*"表示通配符，意思是该文件夹下所有以.c为结尾的文件。总之，和在命令行里运行编译指令的格式保持一致即可。

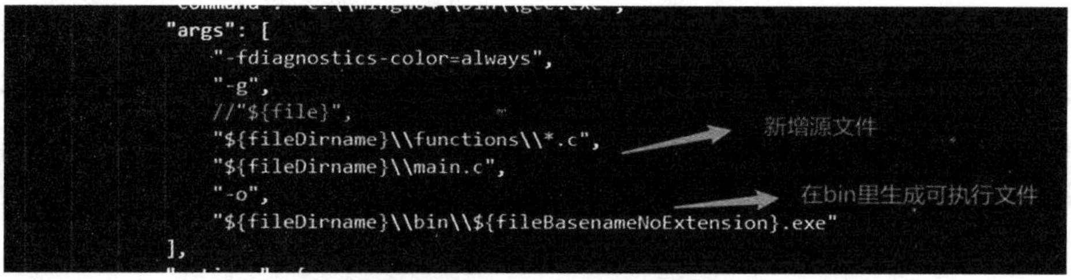

```
        "command": "c:\\mingw64\\bin\\gcc.exe",
        "args": [
            "-fdiagnostics-color=always",
            "-g",
            //"${file}",
            "${fileDirname}\\functions\\*.c",     ← 新增源文件
            "${fileDirname}\\main.c",
            "-o",
            "${fileDirname}\\bin\\${fileBasenameNoExtension}.exe"   ← 在bin里生成可执行文件
        ],
```

图5.91　修改VSCode生成任务1

切换回main.c文件，再次点击"Run Build Task"提示编译成功。

当然，写include时一般只写头文件名字，不在源码中指定具体路径。那么就需要

在执行编译动作时通过选项"-I"指定自定义头文件所在位置。

gcc .\main.c .\functions\count_string.c -I .\include -o ./bin/main.exe

对应的tasks.json文件中可以修改如下（见图5.92）。

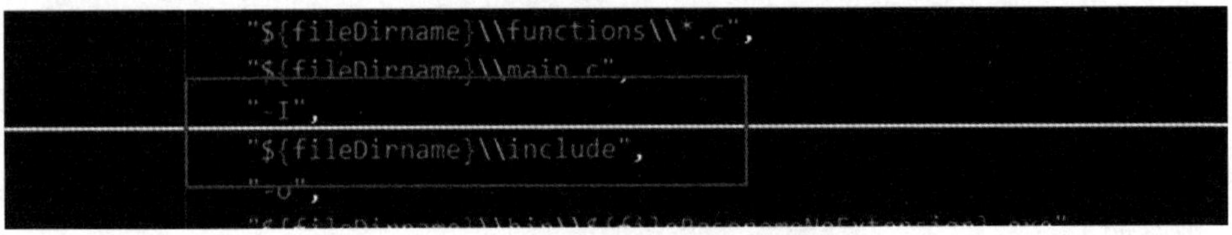

图5.92 修改VSCode生成任务2

这样在源码中不具体写明头文件的位置也能编译成功。

二、Make工具

上面的例子只是一个很小的多文件编译的实例，使用GCC命令或改写tasks.json文件完全可以进行编译。但随着工程逐渐复杂，例如希望利用VSCode编译第三章中实现的带界面的小管理系统，那么所要处理的编译指令会更加复杂。大型工程进行编译构建，项目里很多时候会涉及多源码、多模块、各种第三方库及媒体资源。在编译整合这些资源时最为突出的2个问题是：如何在编译时处理各个处于不同文件夹的模块内的诸多源文件、头文件的依赖关系？以及对某个源文件内容有删改，需要重新编译时，如何只重新编译受到影响的部分而不至于整个项目进行重新编译？对于第一个问题，同学们还可以理解，毕竟如果在编译时不能明确解决文件间的依赖问题，在编译或链接时会报错。而对于后一个问题，同学们可能没有特别的感性认识，毕竟受限于所接触的软件项目规模，对源码有了改动后，编译所有的源文件似乎也不是难事。但是对于上千万行规模的源码，例如Linux系统内核，重新编译所有的内容是非常耗时的。这时依据修改文件的依赖关系只重新编译受影响的模块并再次链接就显得尤为重要。

处理上述问题有专门的工具，被称为构建系统。在CodeBlock或其他的IDE中，这部分内容是不用操心的，只需要进行相应的选项配置。但在很多开源项目中，它们有针对配套编译环境使用的特定构建系统编译项目，例如我们使用的GCC，附带的构建系统为Make。在使用时，将编译构建时要执行的动作编辑成专门的脚本文件Makefile，送到特定的脚本解析器Make中去执行。Make工具相关的内容很多，可以看成单独的一个脚本语言，并且广泛用于Linux系统编程当中。所以这里提供的教程只是使用Make时所要知道的最基本的内容，为下一节CMake的使用做铺垫。

1. Make及Makefile基本规则

Makefile是一个专门用来执行编译过程的脚本文件。所谓脚本，就是按照脚本语法将一系列规划好的指令放在一起批量执行的文件。最终送到可以解析该脚本的程序里执行。

Makefile文件是由一系列构建规则组成的，每条规则的基本格式如下：

目标：依赖文件

<tab> 执行命令

这里，目标（TARGET）是程序产生的文件，如可执行文件和目标文件。如果一个目标不依赖任何文件，那么该目标是要执行的动作，也称为伪目标。

依赖（DEPENDENCIES）是用来产生目标的输入文件列表，一个目标通常依赖于多个文件。

命令（COMMAND）是确定好目标和依赖后该规则要执行的动作（命令是shell命令或是可在shell下执行的程序）。注意：每个命令行的起始字符必须为TAB。

以编译一个最简单的文件HelloWorld.c文件为例，在源文件处新建文件，名字为Makefile。其内容如下：

```
helloworld.exe: helloworld.o
    gcc helloworld.o -o helloworld.exe
```

Makefile

这里的目标为可执行文件，依赖的文件为源码编译的目标文件，所执行的命令为GCC编译指令。那么如何解析并执行该文件呢？同GCC是编译命令一样，这里需要运行make命令。在本章第一节配置GCC环境变量时介绍过，安装mingw后，GCC指令所在路径为<MinGW 安装路径>\MinGW\bin。make命令也在同样的位置，名字为mingw32-make.exe。我们将此文件名修改为make，该路径已经加入到环境变量中，此时在bash中直接输入make就会执行Makefile中的编译构建指令了。如图5.93所示。

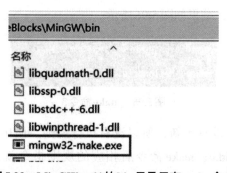

图5.93　MinGW-w64的bin目录里有make命令

执行结果如图5.94所示，为了演示make的执行规则，这里并没有一步到位使源文件直接通过GCC生成可执行文件，而是进一步细化编译过程，指明可执行文件的生成依赖源码编译成的.o目标文件。

```
Administrator@DESKTOP-LFQ8N2D MINGW64 /d/SourceCode/Chapter1 ((ae413de...))
$ make
make: *** No rule to make target 'helloworld.o', needed by 'helloworld.exe'.
```

图5.94　make命令1

给出的提示信息是：.o文件不存在。这就引出了make命令的第一个基本执行规则：

make会寻找Makefile中一系列目标的首个目标作为终极目标并尝试生成。对于每一个目标，如果依赖文件全部存在，则执行目标对应指令；否则寻找依赖项的生成规则并执行。由于并没有指明.o文件的生成规则，所以无法继续执行。

```
helloworld.exe: helloworld.o
    gcc helloworld.o -o helloworld.exe
helloworld.o:helloworld.c
    gcc -c helloworld.c
```

Makefile_1

补充.o文件的生成规则以后，执行结果如图5.95所示。

```
Administrator@DESKTOP-LFQ8N2D MINGW64 /d/SourceCode/Chapter1 ((ae413de...))
$ make
gcc -c helloworld.c
gcc helloworld.o -o helloworld.exe
```

图5.95　make命令2

make根据依赖关系自行寻找依赖项，GCC命令的-c选项使得GCC编译源文件至目标文件。

如果再次运行make，结果如图5.96所示。

```
Administrator@DESKTOP-LFQ8N2D MINGW64
$ make
make: 'helloworld.exe' is up to date.
```

图5.96　make命令3

make提示由于目标没有更新，所以没有执行规则。使用更新文件时间戳的命令touch刷新一下helloworld.c，make命令后相应的规则指令就重新执行了。如图5.97所示。

```
Administrator@DESKTOP-LFQ8N2D MINGW64
$ touch helloworld.c

Administrator@DESKTOP-LFQ8N2D MINGW64
$ make
gcc     -c -o helloworld.o helloworld.c
gcc helloworld.o -o helloworld.exe
```

图5.97　make命令4

这就体现了make的另一个基本规则——更新规则。

每个文件都存在三种时间属性atime（access），mtime（modify），ctime（change），分别代表访问文件、修改文件、文件属性变化（或修改文件）的时间。当执行make时，如果对依赖项某个源文件进行修改，此时源文件的mtime晚于目标文件生成mtime。由此make会判断需要更新的目标，并按照生成依赖关系将与修改文件相关的目标重新生成。对于按照模块划分的工程来说，这条规则至关重要，这意味着每次编译整个工程只会对改动的部分重新编译，大大提升了整个编译工作的效率，这在编译多文件项目时体现得更为明显。

现在建立一个文件夹MakeTest（见图5.98），将第五章第六节中的多文件先放置到一个文件夹内，并且在其中建立Makefile如下。

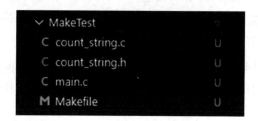

图5.98　新建MakeTest

```
.PHONY:clean
all:main.exe
main. o:main.c
    gcc -c main.c
count_string.o:count_string.c
    gcc -c count_string.c
main.exe：main.o count_string.o
    gcc -o main main.o count_string.o
#伪目标
clean：
    rm -rf *.o *.exe
```

Makefile_2

Makefile的注释格式为顶格加"#"。Makefile_2中除了基本的规则外，新增了2个特殊新的目标，all和clean。这两个目标并不是要生成对应的同名文件，只是为了方便执行特定指令，被称为伪目标。伪目标的命名虽然是任意的，但是一些常用的伪目标已经约定俗成。比如all目标被用作整个make的起始构建规则，放在第一个规则的位置，将最终要生成的所有文件写到其依赖项，依据make的递归构建规则分别生成它们，这样即使将main.exe目标写在最后也会被最终执行。

clean目标连依赖都没有，要想执行它所对应的命令，需要在执行make命令时后面加clean，通常用来清理编译时产生的中间文件。效果如图5.99所示。

图5.99　make命令5　　　　　　图5.100　make命令6

使用这样的伪目标通常要使用关键字.PHONY显式声明一下。这是因为，如果在make过程中产生的文件碰巧和伪目标的名字同名，依据make的更新原则，文件没有改动将不会执行对应的命令，那么伪目标就失效了。如图5.100所示。

2. 改进的Makefile

接下来介绍一系列make工具的细节，以完善脚本Makefile。

（1）Makefile内置函数和自定义变量。Makefile_3中定义了两个自定义的变量src和obj，Makefile中的变量都是文本类型，相当于C语言中的宏替换。这两个变量希望能够收集当前工作文件夹下所有源文件和目标文件的名字文本。当然不应该逐个手动录入，这里使用了Makefile中常用的两个内置函数wildcard和patsubst。

wildcard内置函数的功能为解析通配符，内置函数的使用格式如Makefile_3所示，使用$()的形式调用该函数，名字放在第一个位置，空格后接传入该函数的参数，在Makefile传入make时执行。最后src此时的值相当于所有以.c结尾的文件文本列表。此后要想在Makefile中引用src变量，应使用$(src)。

patsubst内置函数的功能为模式字符串替换，将第三个参数中的内容按照空白字符分隔依次查找，一旦匹配到第一个参数的模式，比如这里是任意字符起始的.c结尾的文件，就把它替换成第二个参数对应的模式。由此obj变量保存的就是所有.c文件对应的.o文件的名字。

此时可以把main.exe目标的依赖简写成$(obj)。

```
. PHONY:clean
src= $ (wildcard *. c)
obj= $ (patsubst %. c,%. o, $ (src))
all:main.exe
main.o:main.c
        gcc -c main.c
count_string.o:count_string.c
        gcc -c count_string.c
main.exe: $ (obj)
        gcc -o main  $ (obj)
#伪目标
clean:
        -rm -rf *. o *. exe
```

Makefile_3

（2）Makefile的自动变量。Makefile中有很多内置的自动变量，比较常用的3个内置变量为 $@, $^, $<。它们在构建命令中分别代指构建目标、构建依赖的所有项、构建依赖的第一项。将它们继续应用进Makefile。

```
. PHONY:clean
src=$(wildcard *. c)
obj=$(patsubst %. c,%. o, $(src))
all:main.exe
main.o:main.c
        gcc -c  $< -o  $@
count_string.o:count_string.c
        gcc -c  $< -o  $@
main.exe:  $(obj)
        gcc -o  $@  $(obj)
#伪目标
clean:
        -rm -rf *. o *. exe
```

Makefile_4

可以看到，所有的构建命令中有关GCC编译C语言源码的命令已经没有具体的文件名字，变成一样的了。这些命令都以.o文件为目标，它们都依赖对应的.c文件。这些逻辑上重复的构建规则可以通过make的模式规则进一步简化。

（3）make的模式规则。在介绍patsubst函数时涉及过模式规则，在模式规则中，%用来匹配任意字符串。当被用在构建规则的目标位置时，它用来匹配所有符合模式的目标。

```
. PHONY:clean
src=$(wildcard *. c)
obj=$(patsubst %. c,%. o, $(src))
all:main.exe
%. o:%. c
        gcc -c  $< -o  $@
main.exe:  $(obj)
        gcc -o  $@  $(obj)
#伪目标
clean:
        -rm -rf *. o *. exe
```

Makefile_5

%.c是使用make编译C语言工程时的常用写法，在递归构建过程中，所有的.o都是构建目标，模式规则%.o在目标中匹配它们，依次挑选生成构建规则。依赖项为对应目标名字的.c文件。实际的执行过程和Makefile_4一致。此时Makefile中再也没有具体的文件名字了。这也就意味着，只要构建规则一致，后续如果希望在工程中添加其他功能的.c文件，构建规则不用修改，每次都执行make命令即可。

3. 多目录Makefile

在完成单目录下使用make进行编译之后，让我们回到第五章第六节中的多目录情形，使用make命令编译多目录项目。对应的Makefile如下：

```
. PHONY:clean
SUB_DIR=. /functions
INC_DIR=. /include
BIN_DIR=. /bin
src= $(wildcard *. c) \
        $(wildcard $(SUB_DIR)/*. c)
obj= $(patsubst %. c,%. o, $(src))
all: $(BIN_DIR)/main.exe
%. o:%. c
        gcc  -c $< -o $@ -I $(INC_DIR)
 $(BIN_DIR)/main.exe: $(obj)
        gcc -o $@  $(obj)
#伪目标
clean:
        rm -rf $(obj) $(BIN_DIR)/main.exe
```

Makefile_6

这里使用变量定义了各个子目录，同样使用src变量收集所有的源文件，只不过现在源码分散到子目录中，需要将完整的相对路径加到通配符"*.c"前面。Makefile中的换行编写的符号为"\"。同样，main.exe放在./bin目录下只需要添加路径变量即可。自定义头文件统一放在./include下，编译时对应的-I选项要加入到构建规则当中。执行结果如图5.101所示。

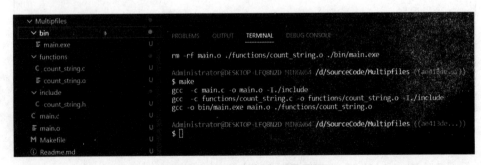

图5.101 make编译多目录项目

有关make的内置变量、条件选择、库的链接等细节还有很多，这里就不进一步讨论了。

三、CMake

GCC配套的构建系统make只是常见的构建系统中的一个，除此之外不同平台和编译环境下还有其他构建系统，比如微软 Visual Studio 中内置的构建系统为 MSNMake，QT使用qmake工具来进行构建，安卓移动端的程序用到的构建系统为Gradle等。这些构建系统的规范和标准都不一样，如果项目代码希望实现跨平台编译，那么就需要针对每种目标平台编写特定的make文件来进行编译。有没有在它们之上的一套统一的构建工具呢？答案是肯定的。对于主流的C/C++的开源项目而言，目前被广泛使用的跨平台、多语言支持、开源免费的构建工具为CMake。

CMake是在make之上生成各种构建系统所需脚本的工具，它首先需要编写脚本文件CMakeLists.txt，该文件中的内容是与平台无关的通用的编译时的流程动作。其次CMake会依据该文件针对特定平台生成相应构建系统的脚本，比如 Makefile，最后利用平台原有的构建工具执行自动生成的脚本来完成构建过程。CMake在3.5版本以后新增了很多特性，被称为 Modern CMake。在CLion中默认的构建工具为CMake。

1. CMake下载安装

CMake的官网地址为：

https://cmake.org/。

在页面中选择download进行下载（见图5.102）：

https://cmake.org/download/。

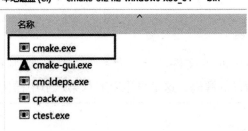

图5.102　下载压缩版本的CMake软件

这里选择的是下载对应的win64的压缩包版本，解压到C盘根目录下。和MinGW-w64一样，只需要将对应文件夹的bin路径添加到系统环境变量中即可使用。

对应的在VSCode中可以下载支持CMake工具的配套插件有：

CMake；

CMake语言的智能提示插件；

CMake Tools；

提供CMake扩展支持。

在命令行中运行cmake指令后有提示信息即可（见图5.103）。

图5.103　CMake语法插件及cmake命令执行

在CMake官网中点击"Resource"→"Documentation"，里面提供了官方的一些教程和查找说明。

2. CMake基本使用

让我们从一个简单的单文件开始了解一些CMake的基础用法。新建文件夹CMake，加入一个待编译的源码，这里采用第五章第六节中样例的单文件版本。

```
#include<stdio.h>
int count_string(char *str)
{
```

```
        int num=0;
        while (str[num]! ='\0')
        {
            num++;
        }
        return num;
    }


int main(int argc, char *argv[])
{
    char str[]="This is a test string\n";
    int charNum=0;
    charNum=count_string(str);
    printf("String len is %d",charNum);
    return 0;
}
```

main.c

下面是使用 CMake 的第一步，在文件夹内加入 CMakeLists.txt 文件，并添加如下内容：

```
#设置CMake最低的版本
cmake_minimum_required(VERSION 3.10)

# 设置CMake工程名字
project(CMTEST)

# 编译生成目标文件
add_executable(main main.c)
```

CMakeLists.txt_1

这里涉及一些 CMake 中的基本语法需要说明，CMakeLists.txt 是由一条一条的指令构成的，这些指令大小写无关。指令内可以传递参数，这些参数大小写相关，用空格或分号分割。因此如果参数名本身就含有空格时，需要用双引号包含起来。CMake 中的注释符号为"#"。

此时 2 条基础指令的用法如下：

（1）project。指定建立 CMake 工程的名字。

（2）add_executable。最终生成可执行文件的指令，第一个参数是要生成的目标的名字，这里的目标是可执行文件，如果生成的目标是库文件，需要使用指令 add_library。后面的参数是创建该目标所依赖的文件。

有关 CMake 中指令的具体用法，可以在 CMake 文档 CMake Reference Documentation

中的 Reference Manuals 部分查找（见图 5.104）：

https://cmake.org/cmake/help/latest/。

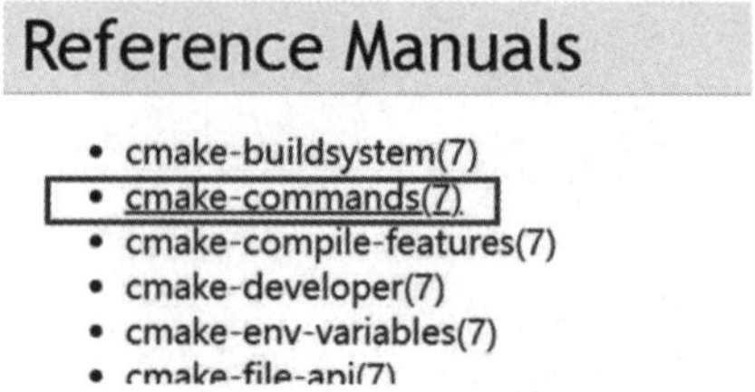

图 5.104　CMake 参考文档

设置好 CMakeLists.txt 之后，就是生成特定编译器所对应的构建系统所需的文件。使用命令如下：

cmake −B build −G "MinGW Makefiles"

这里，−B 选项指明所有生成的构建系统文件及中间文件都采用外部构建方式，在原工程文件夹内新建的 build 内生成。如果不加，就会直接在原文件夹内生成这些 build 文件，干扰原有的文件结构。−G 选项指明了要生成的构建系统。如果第一次使用不指明的话，默认使用的是微软的 NMake。使用 cmake −−help 指令可以查看 CMake 支持生成的构建系统，这里换成 MinGW Makefiles（见图 5.105）。

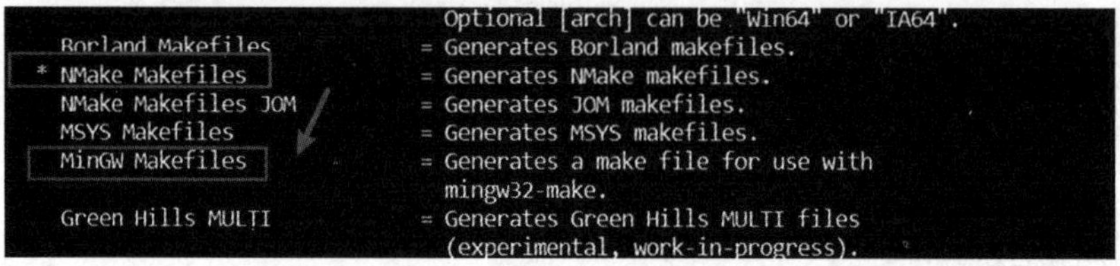

图 5.105　cmake −−help 支持生成的 Makefile

执行结果如图 5.106 所示。可以看到，在执行过程中 CMake 会确认系统内编译器的情况，最终的 Build files 会写入到 Build 文件夹内。Makefile 文件会在 Build 内生成。如图 5.107 所示。

图 5.106　cmake 执行过程

CMake
build
CMakeFiles
cmake_install.cm...
CMakeCache.txt
Makefile
CMakeLists.txt
main.c

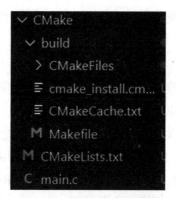

图5.107 cmake执行后工程目录内的结构

CMake最后的步骤是实际执行构建过程，既然生成了Makefile，当然可以进入build文件夹内执行Make命令。但更为通用的做法是在原路径执行下面的命令进行构建：

```
cmake --build ./build
```

最终可执行文件在build内生成。上述执行过程如图5.108所示。

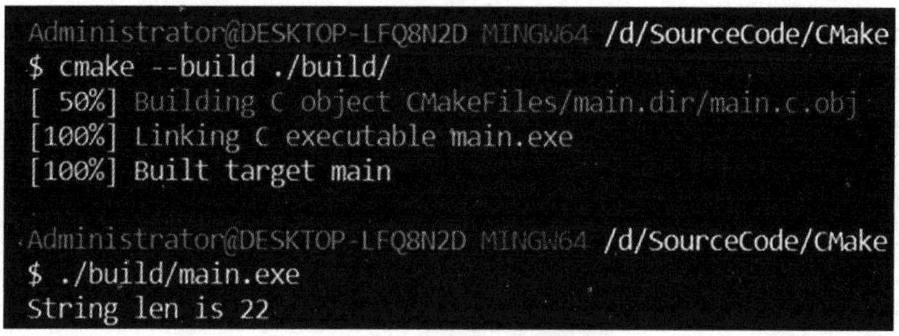

Administrator@DESKTOP-LFQ8N2D MINGW64 /d/SourceCode/CMake
$ cmake --build ./build/
[50%] Building C object CMakeFiles/main.dir/main.c.obj
[100%] Linking C executable main.exe
[100%] Built target main
Administrator@DESKTOP-LFQ8N2D MINGW64 /d/SourceCode/CMake
$ ./build/main.exe
String len is 22

图5.108 cmake执行构建并运行

3. CMake指令练习

下面结合官方文档，具体练习CMake中一些指令的用法。

（1）project指令。project指令在上一小节中使用过，官方文档中给出的project指令的具体语法格式如下：

```
project (<PROJECT-NAME> [<language-name>...])
project (<PROJECT-NAME>
        [VERSION <major> [.<minor> [.<patch> [.<tweak>]]]]
        [DESCRIPTION <project-description-string>]
        [HOMEPAGE_URL <url-string>]
        [LANGUAGES <language-name>...])
```

其中，各种括号的意义在bash指令格式那一小节介绍过。

上面的格式指明，如果简单使用，可以在给出工程名字时在后面给出编程语言：

project（CMTEST C）

还可以依据后一种格式显示指明该工程的版本号、描述、主页等属性：

project（CMTEST VERSION 1.0 LANGUAGE C）

执行完该指令以后，相关信息会被存储到一些变量之中。比如，工程名字被储存在自动生成的变量PROJECT_NAME中，同时还会生成两组常用的变量：

PROJECT_SOURCE_DIR，<PROJECT-NAME>_SOURCE_DIR

这两组变量用来存储工程源码所在的路径。

PROJECT_BINARY_DIR，<PROJECT-NAME>_BINARY_DIR

这两组变量用来存储生成的可执行文件所在的路径。

（2）message指令。用来在CMake构建过程中输出信息。使用格式如下：

message（[<mode>] "message text" ...）

其中，mode可选，在输出过程中，不同的mode，信息表现形式不同，常见的有：

STATUS：输出前缀为-的信息。

FATAL_ERROR：终止CMake的生成过程。

SEND_ERROR：跳过生成过程继续执行CMake脚本。

让我们向CMakeLists.txt添加message指令，查看PROJECT_SOURCE_DIR，及PROJECT_BINARY_DIR两个变量的值。

```
#设置CMake最低的版本
cmake_minimum_required(VERSION 3.10)

# 设置CMake工程名字
project(CMTEST)
# 信息显示
message(STATUS "Project src is at ${PROJECT_SOURCE_DIR}")
message(STATUS "Project bin is at ${PROJECT_BINARY_DIR}")

# 编译生成目标文件
add_executable(main main.c)
```

CMakeLists.txt_2

这里，在CMake中引用变量值的格式为"$ {VAR}"，注意脚本是由上至下一条一条指令执行的，message指令要放在project指令之后，因为执行project指令后这两个变量才会生成。相关执行结果如图5.109所示。

```
$ cmake -B build -G "MinGW Makefiles"
-- Project is  CMTEST
-- Project src is at D:/SourceCode/CMake
-- Project bin is at D:/SourceCode/CMake/build
-- Configuring done
-- Generating done
-- Build files have been written to: D:/SourceCode/CMake/build
```

图5.109　message 指令输出

（3）set 指令。用来设置 CMake 中的变量。CMake 中的变量有指令生成的变量、自定义的变量以及 cmake 内置的变量。这些内置变量以 CMAKE_开头。可以在官方文档的 cmake-varibles 查看它们的含义：

https://cmake.org/cmake/help/latest/manual/cmake-variables.7.html。

现在执行构建后生成的可执行文件存放在 build 内，如果希望单独将可执行文件生成在构建文件夹 build 内的 bin 目录下，需要改写变量 CMAKE_RUNTIME_OUTPUT_DIRECTORY：

set（CMAKE_RUNTIME_OUTPUT_DIRECTORY ${CMAKE_BINARY_DIR}/bin）

其中，CMAKE_BINARY_DIR 内置变量为构建文件夹的绝对路径，也就是 build，设置之后重新生成并执行构建之后，可执行文件就在 build 下的 bin 文件夹里生成了。如图5.110所示。

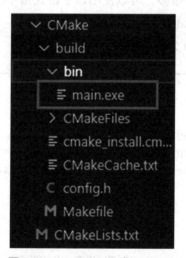

图5.110　build/bin 生成 main.exe

如果希望设置编译时的 C 语言标准，可以用以下两条 set 指令：

set（CMAKE_C_STANDARD 11）

set（CMAKE_C_STANDARD_REQUIRED True）

指令中的内置变量显式指定了编译时的 C 语言标准，具体的其他取值可以在文档中查看。相当于在 GCC 编译时添加选项-std=gnu11。

现在让我们将源码恢复成分文件的形式，但让它们存放在同一文件夹内。如图5.111所示。

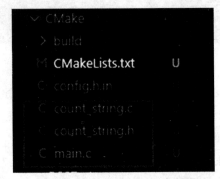

图5.111 CMake多文件编译

对于同一目录下多文件的构建，只需要将所有相关的源文件添加到目标的依赖当中去就可以了。常见的做法为：设置一个自定义变量，保存所有的源文件名：

set（SRL_LIST main.c count_string.c）

然后在构建目标时使用这个变量：

add_executable（main $ ｛SRC_LIST｝）

如果文件夹内的源文件很多，可以使用以下格式指令收集源文件名：

aux_source_directory（<dir> <variable>）

改写后的CMakeLists.txt为：

```
#设置CMake最低的版本
cmake_minimum_required(VERSION 3.10)
#设置内置变量
set(CMAKE_C_STANDARD 11)
set(CMAKE_C_STANDARD_REQUIRED True)
set(CMAKE_RUNTIME_OUTPUT_DIRECTORY $｛CMAKE_BINARY_DIR｝/bin)

# 设置CMake工程名字
project(CMTEST)
# 信息显示
message(STATUS "Project src is at $｛PROJECT_SOURCE_DIR｝")
message(STATUS "Project bin is at $｛PROJECT_BINARY_DIR｝")
# 收集源文件名
aux_source_directory(. SRC_LIST)

# 编译生成目标文件
add_executable(main $｛SRC_LIST｝)
```

CMakeLists.txt_3

重新生成构建系统并执行构建过程前，先将build内原有的内容清除。

4. 多目录CMake

将该项目的多文件版本调整到图5.112中的结构。即将include文件夹及内部存放的头文件移动到functions文件夹内。

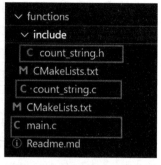

对于多子目录的项目，每个内含源码待编译的目录内都需要建立一个CMakeLists.txt。在Build过程中，会进入每个目录执行其中相应的CMakeLists.txt内的指令，作为一个功能模块生成对应的目标（如静态库、动态库）。最后再将这些库和其他目标文件链接起来。CMake最开始执行的是最外层的CMakeList.txt，要想在编译

图5.112 调整后的多文件目录

main.c前先将functions内的功能模块构建好，需要在最外层的CMakeList.txt内、在编译main.c前添加指令add_subdirectory（functions），这样执行到该指令以后就会进入到子目录funcitons内执行那里的CMakeLists.txt。

```
#其他内容同CMakeLists.txt_3 省略
add_subdirectory(functions)
# 编译生成目标文件
add_executable(main ${SRC_LIST})
#链接静态库
target_link_libraries(main string_func)
```

外层CMakeLists.txt_4

functions内的子目录内容如下：

```
add_library(string_func STATIC count_string.c)
target_include_directories(string_func PUBLIC "${CMAKE_CURRENT_SOURCE_DIR}/include")
```

functions子目录内的CMakeLists.txt

其中，add_library指令的第一个参数是目标名字，第二个参数表明生成库的类型，最后的参数是生成目标库所需的源文件集合。这里使用源码count_string.c生成了静态库string_func。在第四章中介绍过静态库与动态库的概念，静态库可以看作一系列目标.o文件的集合，只不过多一些索引信息。

target_include_directories指令指定目标的头文件路径。这里将count_string.c对应的头文件count_string.h包含了进来。其中，内置变量CMAKE_CURRENT_SOURCE_DIR是当前目录源码所在位置。这里同学们可能有一些困惑：用到count_string.h这个接口

的主要是main.c文件，为什么要把路径包含在这里呢？当然，将target_include_directories指令写在外部CMakeLists.txt中也是可以的，强调main这个生成目标需要包含的头文件搜索路径。但是有这样一个问题：如果子目录模块内部头文件的位置发生变动，那么外层的CMakeLists.txt里是不是也要变动呢？即，在构建最终的可执行目标时还要关心子模块内部的问题。这样子模块和main.c就有了一定程度的耦合，不利于扩展维护。那么，可不可以不关心子模块头文件接口的位置情况，在链接静态库时自动找到呢？

注意，target_include_directories的第二个参数，这里是PUBLIC。在CMake中生成的目标拥有2个属性，INCLUDE_DIRECTORIES 和 INTERFACE_INCLUDE_DIRECTORIES。它们分别是对内头文件目录和对外头文件目录。PUBLIC参数可以将头文件路径加入到这两个属性中。尤其是对外头文件路径，有了它，只要链接该库就可以找到对应的头文件接口了，不需要在外部的CMakeLists.txt中再指定头文件路径了。

在外层的CMakeLists.txt里最后使用target_link_libraries（main string_func）指令将main和静态库链接起来。执行构建命令之后，可以在build中找到静态库libstring_func.a。如图5.113所示。

如果希望将该静态库生成到build下的lib目录中，可以在外层的CMakeLists.txt中设置内置变量CMAKE_ARCHIVE_OUTPUT_DIRECTORY。指令如下：

图5.113　生成静态库 libstring_func.a

set（CMAKE_ARCHIVE_OUTPUT_DIRECTORY $｛CMAKE_BINARY_DIR｝/lib）

四、多文件项目调试

使用CMake工具构建多文件工程之后，如何在VSCode内对生成的可执行文件进行调试呢？如果直接使用第五章第五节内介绍的调试方式进行调试，不进行任何改动，会报如图5.114所示的错误。

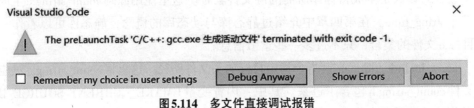

图5.114　多文件直接调试报错

这里提示的信息为preLaunchTask错误，在第五章第五节的最后介绍过，默认的调试任务"C/C++: gcc.exe 生成和调试活动文件"是由launch.json定义的，其中的preLaunch字段决定了运行调试任务前先要执行的构建任务。默认的构建任务是"C/C++：gcc.exe 生成活动文件"。但是我们知道，此时的多文件构建是使用了CMake工具进行了一系列操作完成的，并不是默认的构建任务定义的流程，所以不能使用其进行构建。

为了不影响工程文件夹下其他单文件项目的调试，此时可以在launch.json中复制原来的模板定义另一个调试任务，命名为"C/C++: gcc.exe 多文件生成和调试活动文件"。如图5.115所示。注意JSON文件的书写格式，configurations的值是一个数组，数组里的元素是一个JSON对象，定义了一个调试任务，数组元素之间用逗号分隔。调试任务名写在name字段里。然后需要修改program字段来指明待调试的可执行文件的具体路径。在上一节的构建过程中，通过编写CMakeLists.txt最终将可执行文件生成在了<工作目录>/build/bin路径下。该路径即为program字段的值。

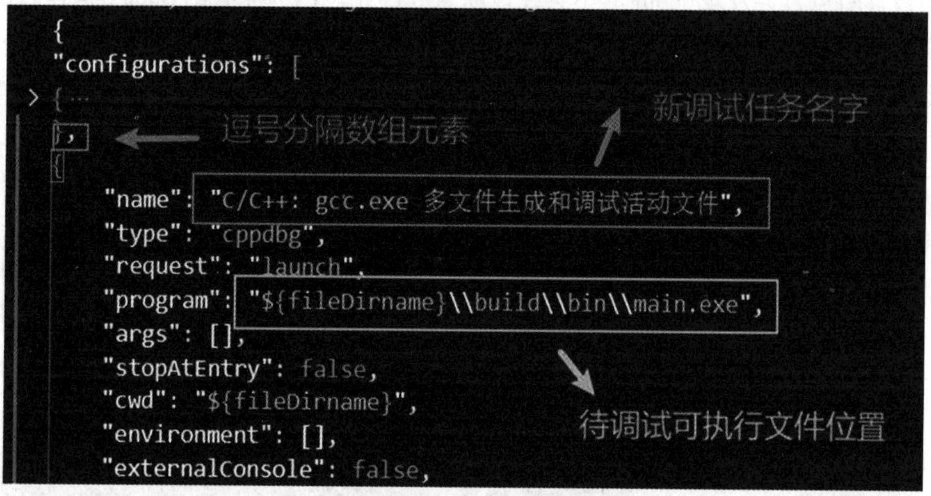

图5.115　在launch.json中定义了另一个调试任务

此时，有关整个多文件项目的构建，可以手动操作cmake命令完成。在新调试任务中，可以先不执行preLaunchTask内定义的默认构建命令，将它注释掉。如图5.116所示。

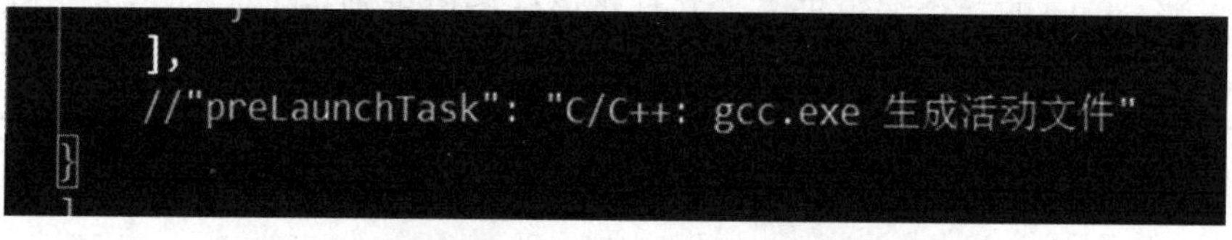

图5.116　注释preLaunchTask

在活动栏中的"Run and Debug"项里，点击下拉符号可以选择要执行的debug

任务。如图5.117所示。

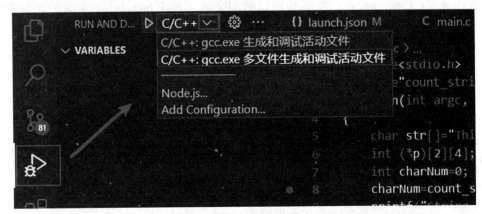

图5.117　选择自定义的新调试任务

再次点击"Start Debug"，发现执行新定义的调试任务不会报错了。但如果在源码中设置断点，会发现debug时不会在该断点处停止。因为原有的CMake构建时没有将调试信息加入到生成的可执行文件中，也就是说缺少GCC的-g选项，需要在外层的CMakeList.txt中加入以下语句设置内置变量：

set（CMAKE_C_FLAGS " $ ｛CMAKE_C_FLAGS｝ -g"）

再次执行CMake构建过程，运行debug成功捕获断点。如图5.118所示。

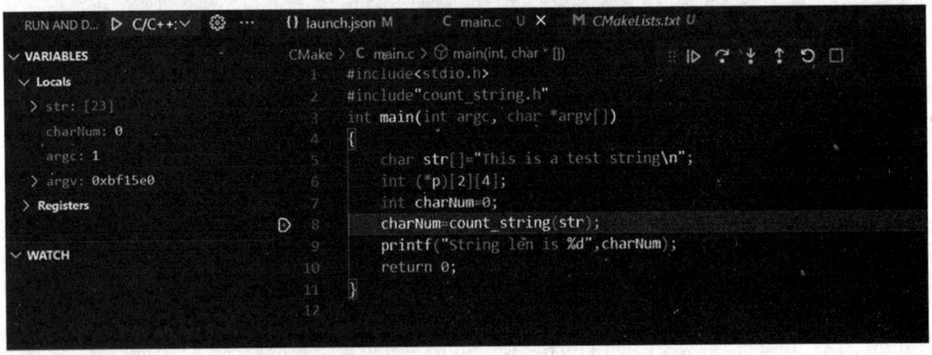

图5.118　VScode中成功debug多文件工程

要想像debug单文件时一样每次debug前都执行构建任务，那么需要配置新的构建任务，将cmake的指令编辑进去，并且将该任务设置到preLaunchTask字段中。在tasks.json文件中新建如下两个任务：

```
{
    "label": "C Multiple files cmake build",
    "type": "shell",
    "command": "cmake",
    "args": [
```

```
        "--build",
        "./build"
    ],
    "options": {
        "cwd": "$ {fileDirname}"
    },
    "dependsOn": [
    "cmake-command"
    ],
    "problemMatcher": []
},
{

    "label": "cmake-command",
    "type": "shell",
    "command": "cmake",
    "args": [
        "-B build",
        "-G MinGW Makefiles"
    ],
    "options": {
        "cwd": "$ {fileDirname}"
    }
}
```

tasks.json配置两个cmake构建相关的任务

这两个任务录入的就是我们在shell中先后执行的生成Makefile及实际进行构建的CMake指令。注意它们之间的依赖关系，然后将自定义任务名"C Multiple files cmake build"写入preLaunchTask字段中并解除注释。如图5.119所示。

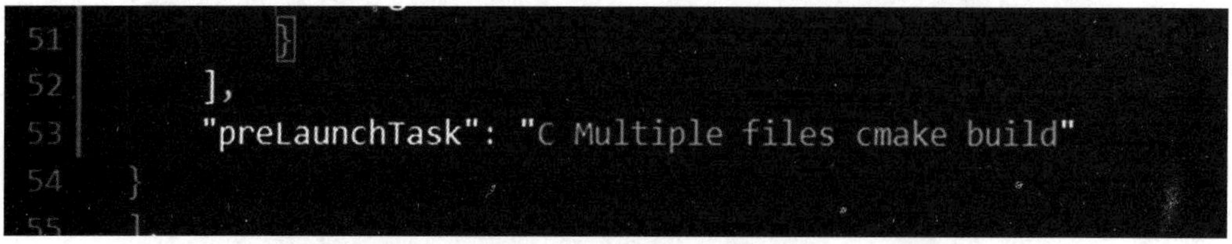

```
51            }
52        ],
53        "preLaunchTask": "C Multiple files cmake build"
54    }
55    ]
```

图5.119 多文件调试任务中的preLaunchTask设置

这样每次文件改动后重新进行debug就会自动执行CMake构建过程了。如图5.120所示。当然，既然cmake指令配置成了任务，在"Terminal"→"Run task"里选择"C Multiple files cmake build"任务也是可以自动执行的。

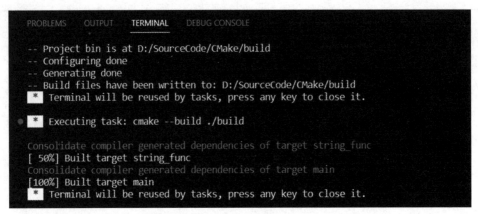

图5.120　debug时自动执行cmake构建任务

　　利用VSCode使用CMake工具编译及调试多文件的内容至此告一段落，同学们可以尝试将第三章第二节中完成的利用EGE库开发的GUI版本的学生管理系统放到VSCode环境下编译、运行、调试。同CodeBlock使用EGE库一样，只要将EGE库相关文件拷贝到VSCode关联的MinGW-w64相对应的文件目录下即可。在使用VSCode编译生成EGE项目时，要在链接时加入对应的EGE静态库，可以使用GCC命令的–I选项，也可以使用CMake中的target_link_libraries命令。

## 第六章

代码版本管理工具git

对于初学编程的同学来说，代码版本管理与协同开发的问题还不是很突出，但是这确实是将来大部分同学，尤其是计算机专业的同学所需要面对的非常实际的问题。甚至没有接触过编程的同学，在管理略微大型的文本项目时也会经常碰到备份、版本还原等问题。最典型的例子就是大家写论文时那一遍一遍修改的起着各种名字、有着各种版本的文档。

对于编程项目来说，情况更为棘手，因为它往往涉及多人协作开发、跟踪调试bug、拆分实现不同功能等一系列工程问题。我们希望所管理的项目能够及时备份，可以随时恢复到之前的某一版本实现代码还原，能够清晰地比对新提交的版本与之前的版本有何不同。

所幸，这些版本管理的问题现在都有一套标准的解决方案。这里要说明的是，现存的版本管理工具多种多样，但目前影响力最大的且最通用的工具，毫无疑问是git。

关于git更全面的使用方法，可以参考它的官方手册：
https://git-scm.com/book/zh/v2。

本章旨在用一系列简明的操作让同学们更加快速掌握git的用法。

第一节 简单了解git

一、git的由来

如果搜索git原始的英文释义，你会发现它的原意为"饭桶"。为什么如此强大的工具会起这样奇怪的名字？这一切要源于它的创始人，也是Linux系统的创始人，业界大名鼎鼎的Linus。他最初在参与维护审核Linux开源项目时每天要面对各种质量参差不齐的代码，很多代码的质量和开发者的水平让人抓狂。所以自然而然地，他的团队使用专门的版本管理工具用于管理代码项目。后来由于版权收费问题无法再使用原来的工具，于是他的团队开发了世界上最流行的分布式版本管理工具git。

二、集中型、分布型版本管理系统

要想实现文件版本管理的功能，人们首先想到的肯定是将一组工程文件统一集中管理起来。在git出现之前，人们大部分使用的是集中型的版本管理系统（见图6.1），例如Subversion（SVN）。版本管理软件被部署在一个服务器上，在工作时，开发者往往先从服务器上同步最新的版本，在工作完毕后将修改后的工程提交回服务器，系统会保存文件改动的增量。这种架构往往会受工作网络和服务器可靠性的制约。

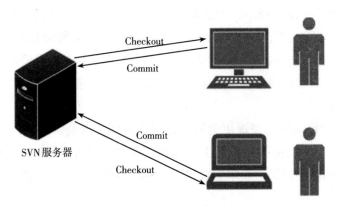

图6.1　集中型版本管理系统

相比于集中型版本管理系统，git这样的分布型版本控制工具最主要的特征在于：每个开发者在本地都会存有一个完整的版本库，并没有一个中心的节点。他们的版本库之间可以通过push、pull等一系列操作进行管理，在存储有改动的文件时会将整个文件快照下来，也就是保存文件的全本。由于本地保存了仓库的所有信息，包括历史版本记录，这也就意味着即使临时没有网络，大部分的代码仓库操作都可以在本地快速完成，突破了网络与中心服务器架构的限制。

在实际开发时，不同的开发人员之间虽然也可以直接推送修改，但一般还是在一个git服务的托管平台上有一个共享的版本库。典型的集中管理工作情形如图6.2所示。

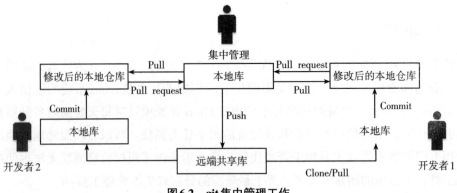

图6.2　git集中管理工作

三、git 远程托管服务

相比于 git，初学者听到的更多的是 github，这两者有什么关联呢？准确地说，github 为广大的开发者提供了 git 代码托管服务，git 仓库是 github 提供的主要功能之一。相当于在远端放置一个代码仓库供很多人下载、开发、管理项目。类似的 git 仓库托管服务还包括国内的码云（gitee），coding，国外的 BitBucket。也就是说，他们都是远程代码托管服务的提供商，企业或高校通常会利用开源项目 gitLab 自建代码托管服务，保障自身项目代码的安全。当然，这些服务商提供的基本 git 服务类似，也各有自己的优缺点。github 作为全球目前最大的开源项目 git 托管平台，除了版本管理、bug 跟踪、邮件服务等协作开发工作功能非常成熟，其社区社交属性也日渐突出，不足之处在于其服务器架设在国外，有时访问速度受限。为了满足 git 使用者入门学习的需要，本章采用 gitee 作为使用 git 的代码托管平台。

git 远程托管服务很好地体现了社会化编程的理念，虽然它主要的功能是提供 git 仓库托管，并利用 Pull request 功能让多人参与协作项目，但其更像是一个专门为开发者定制的、以人为中心、以项目为线索的社交媒体。在开源理念下，初学者也可以浏览甚至有机会参与国内外成熟开发者手头的工作、追踪他们的工作动态、关注项目的源码等。

第二节 安装 git 工具，熟悉 git 结构

一、安装 git 工具

在开始之前，我们需要在 Windows 环境下安装 git，可以在 git 的官网下载：https://git-scm.com/download/win。

安装时注意，图 6.3 中的选项表明我们只在 bash 这个 shell 下使用 git 命令，本章使

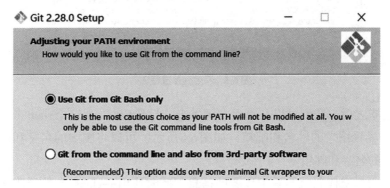

图 6.3　安装 git 过程 1

用git的方式都在命令行下。虽然也可以通过图形用户界面GUI使用git，但它并不能使用git的全部功能，使用起来也没有直接输入命令简洁。之前在VSCode中，我们已经大量接触了用终端下的命令行工作，还觉得不适应的同学要尽快熟悉。

在git工作过程中会有很多需要编辑文本的地方。图6.4里选择本地的编辑器编辑文本，这里直接使用的是VSCode。如果本地没有VSCode，git自带了vim编辑器。对于没使用过vim的同学，需要先简单了解下vim的使用方法。

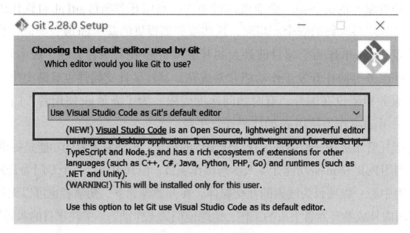

图6.4　安装git过程2

在Windows环境下工作，记得勾选图6.5中的选项，该选择用来提供不同系统环境下换行符号的转换，Windows的换行符号为"CRLF"，在Mac、Linux等常用的编程环境下，换行符号为"LF"，该选项保证了在导出和提交文件时换行符号的自动切换。

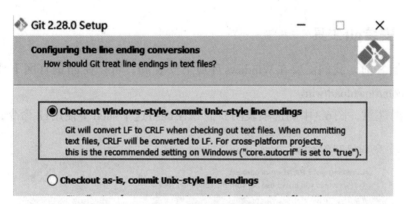

图6.5　安装git过程3

安装完毕之后，我们可以在桌面右键单击，打开Git-Bash这个shell来输入第一个git指令——配置用户的姓名和邮箱，如图6.6所示。可以将图中的名字和邮箱替换成同学们自己的名字和邮箱。

这样每次提交代码就能看到作者的信息。此时使用--global参数说明配置的是全局的用户设置。需要注意的是，虽然我们还没有注册Gitee的账号，但请之后在注册Gitee账号时与本地此时配置的用户名和邮箱保持一致，否则虽然不影响使用，但提交到Gitee的commit记录无法正确地反映作者信息。

```
Hou@DESKTOP-ASH1183 MINGW64 ~
$ git config --global user.name "Yourname"

Hou@DESKTOP-ASH1183 MINGW64 ~
$ git config --global user.email "Yourmail"
```

图6.6　初始设置git

也可以使用git config --global -e用系统默认的编辑器打开配置文件.gitconfig。如图6.7所示。刚刚设置的用户名和邮箱此时反映到配置文件中，后续也可能会用到其他选项，如修改core中的editor项改变默认的编辑器等。

```
.gitconfig ×
C: > Users > Hou > .gitconfig
1   [user]
2       name = Yourname
3       email = Yourmail
```

图6.7　git配置文件

下面开始尝试在本地建立第一个版本仓库。在F盘建立文件夹SourceCode，为了演示一些git使用的方法，将之前练习的一些C语言代码放入其中，可以使用cd命令切换bash路径到该文件夹，也可以在F:/SourceCode目录鼠标右键点击空白处，选择“Git Bash here”进入工作目录。要想将普通的工作文件夹转变为git托管下的仓库，只需要执行git init命令。效果如图6.8所示。

```
Hou@DESKTOP-ASH1183 MINGW64 /f/SourceCode
$ git init
Initialized empty Git repository in F:/SourceCode/.git/
```

图6.8　执行git init命令

二、git仓库的结构

在执行git init命令之后，当前的文件夹SourceCode下多出了一个文件夹.git。正是这个文件夹使得SourceCode被置于git的版本管理之下，可以追踪、记录、管理SourceCode以及其中文件的变化，不要轻易修改此文件夹的内容。为了方便理解接下来的git操作，首先要明确一下git仓库的结构和几个名词的概念。

1. 工作区（workspace）

该区域是最贴近用户的区域，对文件的增、删、改、查等最初的工作都在这里进行，也可以直观地理解为是除.git之外的SourceCode文件夹内的普通区域。

2. 暂存区（index/stage）

暂存区是首先缓存我们对工作区改动的地方，是连接工作区与最终保存提交版本库的纽带。

3. 代码仓库/版本库（repository）

版本库是存放阶段性有意义工作的仓库，里面是由一个个commit（提交）形成的对工程内文件的记录，可以追踪回溯工程改动的历史。每次提交都会形成一个commit对象，这些commit对象按照历史提交顺序被串联起来形成分支，初始的默认主分支被称为master。当然，在协同工作实现不同功能时还可以在主分支上建立其他的分支。而且有一个HEAD指向当前活动的分支。当然这只是概况性的描述，如果同学们想彻底了解这些内容，可以查看git实现原理中有关存储结构的知识，并且在实际使用中逐渐体会，现在只要有一个大致的印象即可。

上述内容及远程仓库之间的工作关系如图6.9所示。在使用git进行项目版本管理的过程中，在头脑中建立文件状态转换图形化的想象对理解git的工作非常有帮助。这里需要注意，虽然文件是被提交到版本库的某一个分支进行管理的，但有时这样的动作会被直接提交到版本库。

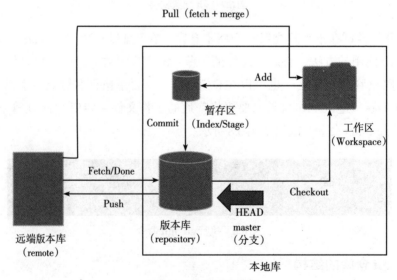

图6.9　git仓库结构

第三节 本地仓库的一些简单操作

一、代码首次提交本地版本库

本部分涉及的一些git指令的简单用法如下。

git status：查看文件状态；

git add：将工作区改动保存到暂存区；

git rm：从工作区和暂存区删除文件；

git mv：更改工作区和暂存区的文件名；

git commit：提交版本库；

git diff：比较不同区域的文件差别；

git ls-files：查看暂存区内容；

gti log：查看提交记录。

下面借助文件状态的变化描述一下新建立的版本仓库是如何开始工作的。在当前的 Source 中，虽然刚刚建立版本库，但是工作区的文件还处于未追踪的状态（Untracked），可以通过以下命令查看文件状态：

git status

文件处于工作区、暂存区、版本库内，不同的状态用不同的颜色标识。运行该命令后发现提示如图6.10所示信息。目前版本库处于master分支下，没有文件被commit，存在尚未被追踪的文件和文件夹。

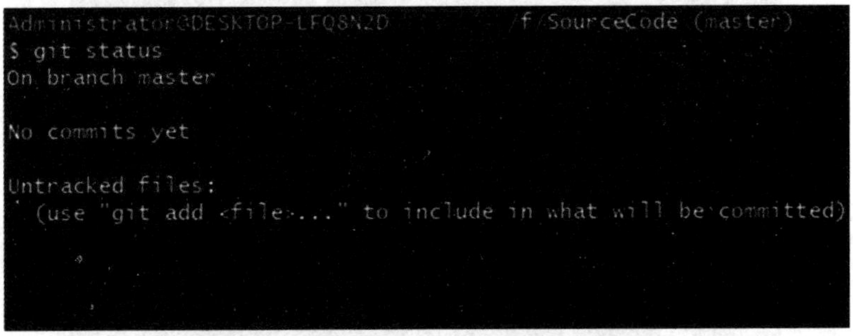

图6.10 git status查看当前仓库状态

git中的文件状态转换如图6.11所示。典型的常规操作就是首先将处于Untracked或Unstaged状态的文件加入暂存区，暂存区的文件处于staged状态，然后将暂存区的文件通过commit操作加入版本库，形成一次完整的Commit。当然这之间可能还涉及一些撤回的操作，本章我们可以先追踪几个简单而常用的操作。注意此时还未涉及文件恢复操作，图6.11只是代表正常操作下文件的状态流转。

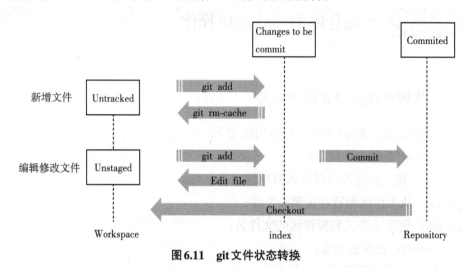

图6.11　git文件状态转换

版本管理的第一步，将工作区需要被管理的文件加入到暂存区，使工作区中需要被管理的文件处于追踪状态。使用的命令格式如下：

git add <filename>

此命令将工作区中的文件加入到暂存区。使用git add. 可以将工作区的所有文件加入暂存区。如图6.12所示。git中的暂存区可以理解为存放临时修改的不稳定版本的项目，而版本库才是阶段性稳定的文件版本。暂存区是git中非常经典的设计，也是其实现快照回滚等操作的基础，这里就不展开介绍了。

图6.12　运行git add将所有文件加入暂存区

提交后再次查看git status，可以看到所有的文件都处于暂存区等待被提交，并且提示了如果想从暂存区取消跟踪某个文件，可以使用git rm --cached <filename>命令，删除的文件重新处于工作区不被跟踪的状态。

请注意，git rm指令带参数-f时会同时删除工作区和暂存区的文件。

功能同类的指令还有git mv <file>，其可同时更改工作区和暂存区中的文件名称。

Chapter 2中的while.c是一个空文件，如果此时正常打开工作区中的while.c文件添加一个while小练习，查看git status可以看到修改后的该文件并没有加入暂存区，处于changes not staged for commit状态。如图6.13所示。但此时暂存区仍然有一个while.c文件，该文件并没有记录while.c文件最新的变化。如果此时进行commit，提交的也是暂存区的文件。

```
No commits yet

Changes to be committed:
  (use "git rm --cached <file>..." to unstage)
        new file:   .vscode/launch.json
        new file:   .vscode/tasks.json
        new file:   Chapter1/.vscode/launch.json
        new file:   Chapter1/.vscode/tasks.json
        new file:   Chapter1/HelloWorld.c
        new file:   Chapter1/HelloWorld.exe
        new file:   Chapter1/Max.c
        new file:   Chapter1/baseio.c
        new file:   Chapter1/baseio.exe
        new file:   Chapter2/while.c

Changes not staged for commit:
  (use "git add <file>..." to update what will be committed)
  (use "git restore <file>..." to discard changes in working directory)
```

图6.13　工作区改动 while.c 文件

可以运行git diff命令查看工作区和暂存区的文件有什么变化，如图6.14所示。

```
diff --git a/Chapter2/while.c b/Chapter2/while.c
index e69de29..5f3b784 100644
--- a/Chapter2/while.c
+++ b/Chapter2/while.c
@@ -0,0 +1,11 @@
+#include <stdio.h>
+int main(void)
+{
+    int i = 1, sum = 0;
+    while (i <= 100)
+    {
+        sum += i;
+        i++;
+    }
+    printf("The sum 1-100 :", sum);
+}
\ No newline at end of file

Hou@DESKTOP-ASH1183 MINGW64 /f/SourceCode (master)
$
```

图6.14　git diff 显示 while.c 在工作区和暂存区的不同

其第一行中"a/"代表暂存区的内容，"b/"代表工作区的内容，"−"代表删除的信息，"+"代表新增的信息，"@@-0，0 +1，11@@"代表变化的位置。总的来说，就是工作区中while.c文件从1至11行新增了一些内容。这也是同学们平时最常见的一种工作情形。注意，不光是在新增内容保存时需要add，删除内容同样属于修改文件，也需要add。重新使用git add <文件名>命令将修改后的文件加入暂存区。

如果觉得git diff查看文件改动不方便，可以在git中配置可视化工具选项diff.tool，用其他的文本工具（如VSCode）更直观地查看文件变化。在本章第七节可以看到具体的设置方法。

最后，使用git commit－m"First commit"命令将暂存区阶段性的工作成果正式进行一次提交。－m选项后内容为此次提交的备注信息。如果不加-m选项，会弹出一个文件的编辑界面，文件的注释里面描述了此次提交的变化。文件的第一行编辑的是此次提交的简要描述，和-m的效果一致。可以空一行之后，在文件中描述此次提交的具体内容。如图6.15所示。

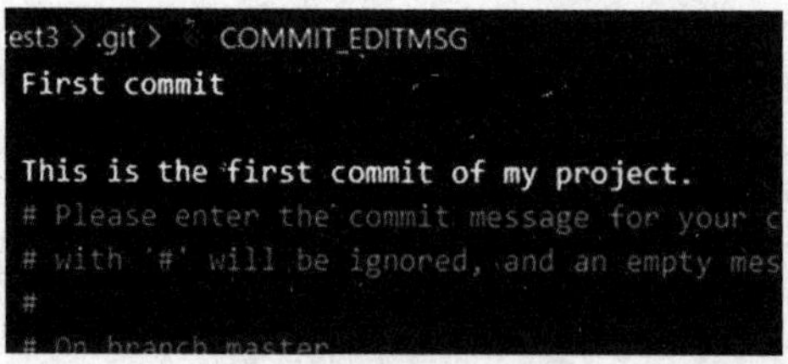

图6.15　编辑commit信息

提交后再次使用git status查看。如图6.16所示。此时的提示信息显示当前工作在master分支，所有文件已经提交了并且状态与工作树（工作区）一致。如果此时想再次查看暂存区的内容，可以使用命令git ls-files。

图6.16　提交版本库后的仓库状态

使用git log命令可以查看提交记录。这里可以看到前面章节配置过的作者信息、提交时间、提交的备注信息。而commit后面的一串数字是标识此次提交的哈希值，它是标识某次commit的唯一标识。在之后需要撤回、定位到指定版本时非常有用。括号里表明了此次提交位于默认master分支，并且当前分支的指针HEAD正在指向它。每一次commit相当于对当前代码工作进行一次快照，后续还可以根据commit信息查找工程的版本历史。如图6.17所示。

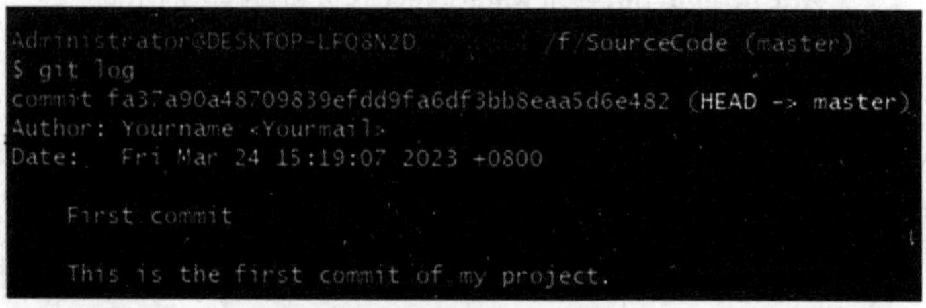

图6.17　git log命令查看提交记录

在git中，存储行为是以commit为单位的，每次commit都是对所有文件进行"快照"，但并不是每次都对所有文件进行重复存储。对于没有改变的文件，快照时只存储一个指向源文件的引用。git保存的文件是通过哈希值来确认文件的唯一性的，所以如果两份名字不同但内容一样的文件，git在存储时也认为它们是一样的，不会重复存储。像这种可以通过哈希值定位内容的系统也称为文件地址系统。

到此，第一次真正的提交就完成了。总结一下过程：先在工作区做修改，之后将工作区的修改加入暂存区，再将暂存区的内容提交到版本库，形成一次commit。

在工作区修改文件后，也可以使用git commit -a指令将工作区的内容直接加入暂存区和版本库。新建文件没有被tracked追踪的除外。

使用git diff --staged命令可以比较最新的暂存区与上一个最新的commit版本库之间的差异。

二、使用gitignore忽略不需要追踪的文件

在工程项目中，有一些文件是没有必要加入到版本库中追踪的，典型的包括编译文件时产生的.obj，.exe等临时工程文件，VScode中.vscode文件夹里的配置文件等。如果不忽略掉这些文件，每次编译运行工程时这些文件都会有改动，进而总是提示工作区有变动。在git中可以通过在工作区根目录下加入.gitignore文件，在其中录入相应的文件名来停止追踪这些文件。如图6.18所示。

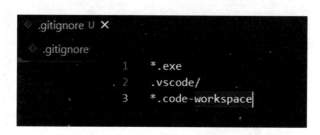

图6.18　.gitignore登记工作区中不需要追踪的文件

图中的写法可以停止追踪工作区内的可执行文件及.vscode文件夹等内容。在第一次提交时，这些文件被提交到了暂存区和版本库。请同学们新增.gitigore文件，并使用git rm - cached指令将这些与源码无关的文件从暂存区清除，确保第二次提交只加入.gitigore文件。之后这些临时文件的变化不会再被追踪。

三、使用git log查看历史提交记录的具体用法

本部分涉及的git指令如下：

git show：查看某次提交的详细信息。

将.gitignore文件正式编辑提交以后，当前工程的提交记录如图6.19所示。

图6.19　git log查看commit记录

表6.1列出了git log中比较有用的一些选项的用法，帮助大家简洁有效地查看提交记录。

表6.1　git log命令的一些选项

选　项	作　用
--oneline	只显示提交记录的简要信息，方便在commit记录很多时查看概况
--reverse	翻转提交的历史记录，最旧的版本最后输出
--stat	static的缩写，对比之前的提交，简要列出版本库文件的变化
--patch	对比之前的提交，列出版本库文件的具体变化
--author	按照提交作者过滤记录
--before/after	按照时间查找记录，时间格式为"2020-11-08"
-数字	列出最多显示的commit个数
--grep	按照commit信息关键字查找
-S	按照工程文件内的关键字内容查找
--graph	多分支情况下列出图样
--pretty	使用其他格式显示历史提交记录，可选项包括oneline，short，full等，format后面可以自定义输出格式
--abbrev-commit	只显示commit哈希值的前几位
--all	显示所有分支的提交记录

如果输入--oneline和--stat，给出的提交记录的信息如图6.20所示。

图6.20　git log命令加入oneline和stat选项

由于加入了oneline选项，commit只显示了哈希值和提交记录的文本。stat选项具体展示了每次commit的改动。在最新的一次提交中，不再追踪第一次提交中包含的.vscode及可执行文件中进行的删除，增加了.gitignore文件。

如果想要查看某次提交的具体信息，可以使用git show<commit的哈希值前七位>命令，比如，如果想查看当前最新提交具体信息，可以使用.git show 8341865。

图6.21中显示了最新一次commit提交的具体内容，包括改动文件的具体信息。同学们的终端显示的信息可能很多，可以按上下键翻阅之后的内容，按"Q"键退出阅览。如果只是想查看某次提交有哪些文件改动，不想查看过多的信息，可以使用--name-only或--name-status命令，前者显示改动文件的名字，后者显示改动文件的状态。

```
$ git show 8341865
commit 83418654f83b17cfbd0a8c1e679478e745b6da50 (HEAD -> master)
Author: Yourname <Yourmail>
Date:   Fri Mar 24 15:28:54 2023 +0800

    second commit add .gitignore

diff --git a/.gitignore b/.gitignore
new file mode 100644
index 0000000..b8b53b8
--- /dev/null
+++ b/.gitignore
@@ -0,0 +1,3 @@
+*.exe
+.vscode/
+.code-workspace
```

图6.21 git show指令

由图6.22可以看到，最新的提交新增了.gitignore文件，文件状态用A表示，删除了之前提交到版本库中的一些不想被跟踪的文件，文件状态用D表示。后续在学习分支操作后，我们再来练习一些其他参数，体会它们的作用。

图6.22 git show指令加--name-stat选项

四、在git中定位commit

本部分涉及的一些git指令如下：

git tag：为某次提交设置标签。

在git中，每次commit都可以被一个40位的哈希值标识，但不用每次都输入哈希值来指定commit。比如，如果想查看第一次提交中文件变动的简要信息。可以使用如下指令：

git show HEAD~1--name-only

这里，HEAD指向master分支的最新一次提交，而后面的~1代表最新提交之前的一次提交，可以代替具体的哈希值。除了以上方式之外，还可以用tag代表某次commit，而不用去记录commit的哈希值。

使用命令git tag v0.1 HEAD给最新的提交打一个标签tag，以后就可以用该标签索引此提交，比如git show v0.1--name-only，结果如图6.23所示。

图6.23 使用tag查看最新提交

git tag指令还可以列出所有tag，–d选项删除某个tag，其他的用法可以用–h选项查看帮助信息。

第四节 撤销与版本回溯

使用git工具的一大需求就是按照备份回溯文件内容。在git的诸多命令中，很多命令组合可以达到相同的效果，命令的参数组合也有不同的用处。强行去记忆一些指令参数，学习效果有限。所以在接下来的学习中，给同学们提供一些场景和目标，练习使用restore，reset，revert等指令的基础用法，要注意从词义上理解这些指令的主要用途。一些指令的细节用法可以之后具体查询文档。

一、文件恢复

本部分使用的git命令如下：

git restore：文件回溯指令；

git clean：清理文件指令。

注意，restore命令是新加入的git命令，主要为了用更清晰的语义承接checkout命令的一部分文件恢复功能，2.23 版本之前的git中没有这些命令。

1. 工作区文件恢复

本节介绍git restore指令的简单用法，如果在不带任何参数的情况下会恢复工作区的文件，默认会从暂存区恢复工作区内已经被追踪的文件。

现在我们在Chapter1的文件夹里加入源码simpleCalcu.c，如图6.24所示。

C simpleCalcu.c ×

F: > SourceCode > Chapter1 > C simpleCalcu.c

```c
#include<stdio.h>
int main() {
    int a, b;
    char c;

    while (scanf("%d %c %d", &a, &c, &b) != EOF) {
        if (c == '?')break;
        if (c == '+')printf("%d\n", a + b);
        if (c == '-')printf("%d\n", a - b);
        if (c == '*')printf("%d\n", a * b);
        if (c == '/')printf("%d\n", a / b);
    }
    return 0;
}

```

图6.24 工作区新增文件simpleCalcu.c

同时在HelloWorld.c源码中进行一点修改（见图6.25）。

C HelloWorld.c ×

F: > SourceCode > Chapter1 > C HelloWorld.c

```c
#include <stdio.h>
int main(void)
// This is a test of command git restore
{
    printf("Hello World\n");
    return 0;
}
```

图6.25 工作区修改文件HelloWorld.c

查看git status，如图6.26所示。

图6.26　git restore命令练习1

此时，工作区有一个文件被修改、一个文件新加入，都没有加入暂存区。直接运行git restore Chapter1/HelloWorld.c后再次使用git status查看，结果如图6.27所示。

图6.27　git restore命令练习2

可以看到，此时刚刚编辑的HelloWorld.c的修改没有了，只剩下新建立的未被追踪的文件。如果尝试用同样的方法恢复新增文件simpCalcu.c，则结果如图6.28所示。

图6.28　git restore命令练习3

错误信息显示无法匹配git已知的文件，这是由于该文件尚未进入tracked状态，也就是说，git restore指令只能恢复已经被追踪的文件。

在编译工程时经常产生这些未被追踪的文件，可以尝试使用git clean－f −d命令清理它们。

2. 暂存区文件恢复

上面描述的是通过暂存区恢复工作区的情形，如果想要用最新的commit恢复暂存区的内容，可以在git restore命令后添加−staged参数。我们将Max.c加入暂存区，重新修改HelloWorld.c文件，此时的git status情况如图6.29所示。

```
Administrator@DESKTOP-LFQ8N2D MINGW64 /f/SourceCode (
$ git status
On branch master
Changes to be committed:
  (use "git restore --staged <file>..." to unstage)
        modified:   Chapter1/HelloWorld.c
        new file:   Chapter1/simpleCalcu.c
```

图6.29 git restore命令练习4

之后使用git restore--staged命令尝试恢复 Chapter1/simpleCalcu。查看git status后发现其重新进入未追踪状态，效果和git rm --cached一样，但过程不同。这也就提示同学们，虽然名为restore命令，但是如果恢复源有明确的缺失文件的记录的话，会删除文件。注意体会这里的变化。如图6.30所示。

```
Administrator@DESKTOP-LFQ8N2D MINGW64 /f/SourceCode (master)
$ git restore --staged ./Chapter1/simpleCalcu.c

Administrator@DESKTOP-LFQ8N2D MINGW64 /f/SourceCode (master)
$ git status
On branch master
Changes to be committed:
  (use "git restore --staged <file>..." to unstage)
        modified:   Chapter1/HelloWorld.c

Untracked files:
  (use "git add <file>..." to include in what will be committed)
        Chapter1/simpleCalcu.c
```

图6.30 git restore命令练习5

如果想用最新的commit记录同时恢复工作区和暂存区，后续可以使用checkout指令，但它的本意还是用来进行分支的操作。如果想用restore命令达到同样的恢复两个区的效果，可以再添加-worktree参数。比如，这里如果想利用最新的commit彻底恢复工作区和暂存区的Charpter1/HelloWorld.c文件，可以使用如下指令：

git restore Charpter1/HelloWorld.c --staged --worktree

使用后的结果如图6.31所示，HelloWorld.c原来的改动彻底从工作区和暂存区撤销，目前只有一个Max.c文件在工作区处于尚未提交的状态。

```
Administrator@DESKTOP-LFQ8N2D MINGW64 /f/SourceCode (master)
$ git restore --staged --worktree Chapter1/HelloWorld.c

Administrator@DESKTOP-LFQ8N2D MINGW64 /f/SourceCode (master)
$ git status
On branch master
Untracked files:
  (use "git add <file>..." to include in what will be committed)
        Chapter1/simpleCalcu.c

nothing added to commit but untracked files present (use "git add" to
```

图6.31 git restore命令练习6

3. 恢复到指定提交版本

之前讨论了restore命令从暂存区恢复工作区文件，以及从最新的版本库commit恢复暂存区及工作区的方式。下面讨论一下从旧版本commit恢复单个文件的方式。

正式将simpleCalcu.c做一次commit，提交后的commit记录如图6.32所示。

图6.32　git restore命令练习7

在第六章第三节中讨论了Windows环境下以最新commit为基准定位某一次commit的方法：

HEAD~<数字>

这里也同样适用。请同学们注意下面操作过后，Max.c文件在各个工作区的变化情况。输入命令：

git restore Cha1pter1/simpleCalcu.c--source=HEAD~1

命令操作后git status的情况如图6.33所示。

图6.33　git restore命令练习8

不知道此时同学们能否了解输入上述命令后Max.c文件的变化情况。restore命令在不加参数的默认情况下的操作是由暂存区恢复工作区的文件，但本命令添加了--source参数，指定了恢复源为最新commit之前的一次提交 ，tag为v0.1。那时版本库里还没有simpleCalcu.c文件，所以此次操作是由提交v0.1版本库中的simpleCalcu.c恢复工作区的simpleCalcu.c文件，也就是在工作区中删除了Max.c。但此时暂存区还保留simpleCalcu.c，所以git status显示的是工作区有一个删除simpleCalcu.c操作没有加入暂存区。同样的操作也适用于添加了-staged参数的暂存区。

现在请同学们自行操作练习，将工作区中删除的simpleCalcu.c文件恢复。

二、版本回溯

本部分使用的git命令如下：

git reset：回退历史版本；

git reflog：显示可引用的历史版本记录；

git revert：对某次提交进行回溯操作；

git commit--amend：修改最新的提交。

1. 将所有工作回溯到历史的某一次提交

在练习了restore命令从不同的区域恢复单独的文件后，让我们再次关注整体的commit记录。在进行项目管理时，往往需要整个项目文件夹下的所有文件快速切换到某一历史版本。这也是git中最为常见的一种工作情形。这就需要使用reset命令。

git reset命令的简单用法如下：

git reset ［--options］<commit>

目前我们演示的工作目录的提交记录如图6.32所示，此时HEAD指向最新master分支的最新提交9265788。

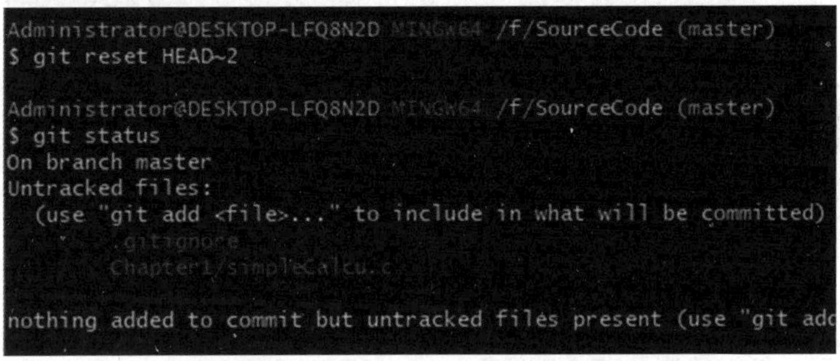

图6.34 使用git reset命令回溯代码

如果想尝试将一切回溯到最初的开始。同学们自然想到尝试使用以下指令：

git reset HEAD~2

当使用reset尝试回溯到First commit时，工作区的内容似乎并没有改变。再次使用git status，提示第二次加入的.gitignore文件以及第三次加入的simpleCalcu.c文件处于尚未加入暂存区的Untracked状态。查看git log，如图6.35所示。

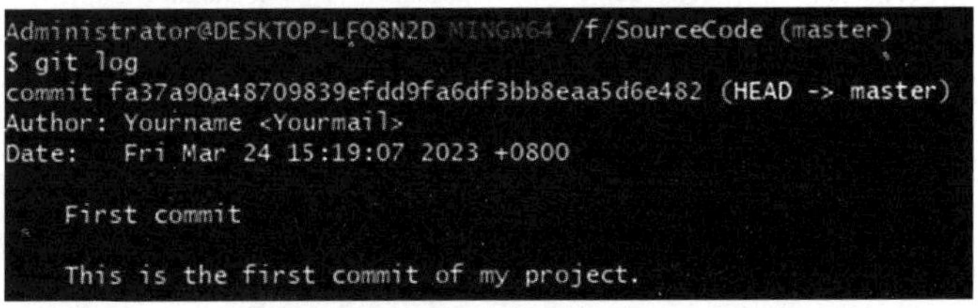

图6.35 回溯暂存区和版本库到第一次提交

可以看到，提交记录确实被回溯到第一次commit上。也就是说，不带任何参数的reset命令会回溯版本库和暂存区的内容到指定的记录上，但是会保存目前工作区的内容。这也是reset命令中--mixed参数所对应的情况。

reset命令其他的两个参数为：

--soft：保留暂存区和工作区的内容，只回溯版本库中的commit记录。

--hard：将所有区域的文件全面回溯到指定的提交版本上，包括工作区。

大家可以自行尝试并观察，加入其他两个参数时reset命令对应的工作区和暂存区的变化情况。可是现在我们的代码仓库只有一次提交了，如果想回到最新的提交重新开始实验，那么下面的问题就是：回溯后以前提交的记录是不是就没有了呢？当然不会，如果想再次回到最新的提交版本，只需要同样使用reset指令并且给定对应的commit哈希值即可。图6.32中记录的第三次commit的哈希值为9265788，执行图6.36中的命令，暂存区和版本库又重新变成了第三次提交。

```
Administrator@DESKTOP-LFQ8N2D MINGW64 /f/SourceCode (master)
$ git reset 9265788

Administrator@DESKTOP-LFQ8N2D MINGW64 /f/SourceCode (master)
$ git log --oneline
9265788 (HEAD -> master) 3rd commit add simpleCalcu.c
8341865 (tag: v0.1) second commit add .gitignore
fa37a90 First commit

Administrator@DESKTOP-LFQ8N2D MINGW64 /f/SourceCode (master)
$ git status
On branch master
nothing to commit, working tree clean
```

图6.36　重新回到第三次提交

可以看到，版本回溯并不会删除commit，而且可以从旧版本再次回溯到新版本。图6.37描述了git reset的过程。可以看到，在回溯commit时，只是将当前master分支的最新提交指向了之前的版本，而回溯之前的commit并没有消失，还在储存commit的链表里。

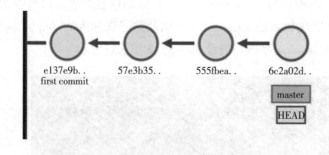

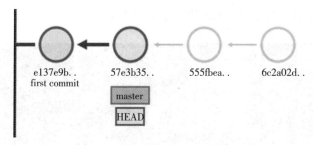

图6.37 git reset示意图

上面所有的回溯版本的操作都是基于默认commit对象的哈希值的，如果同学们在回溯到第一个版本后关掉了终端或清屏了，没有办法看到之前提交的哈希值，可以通过尝试使用git reflog指令找回之前的commit。

git reflog指令默认情况下记录HEAD指向的分支变化情况。如果不加参数地简单使用，结果如图6.38所示。

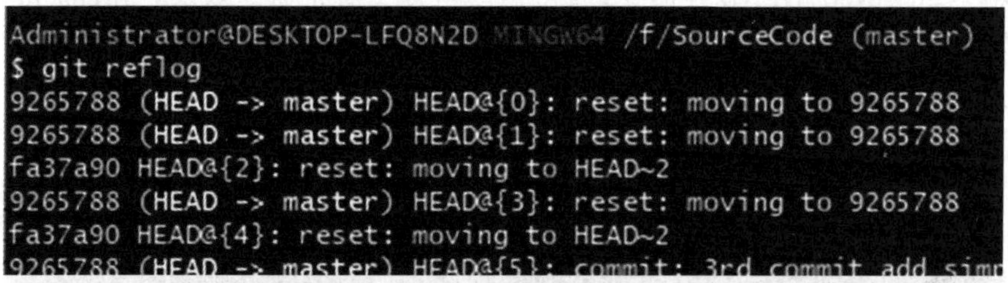

```
Administrator@DESKTOP-LFQ8N2D MINGW64 /f/SourceCode (master)
$ git reflog
9265788 (HEAD -> master) HEAD@{0}: reset: moving to 9265788
9265788 (HEAD -> master) HEAD@{1}: reset: moving to 9265788
fa37a90 HEAD@{2}: reset: moving to HEAD~2
9265788 (HEAD -> master) HEAD@{3}: reset: moving to 9265788
fa37a90 HEAD@{4}: reset: moving to HEAD~2
9265788 (HEAD -> master) HEAD@{5}: commit: 3rd commit add simp
```

图6.38 git reflog命令显示历史commit

该指令记录了HEAD指向的master分支历史变化情况，在找不到旧commit记录时可以在此查到。虽然看起来reset指令可以通过找到历史commit记录回溯版本，但是请同学们注意，这也仅限于本地的情形。使用reset命令的情景一般为真正需要抛弃最近的几次提交，因为回溯后新的工作会被提交到新的commit对象中，旧的commit提交记录由于不会被其他的commit或分支所指向，最终会被回收。在提交到远程代码仓库时这些被回溯的commit会被删掉，如果本地仓库利用了这些commit，会造成远程代码仓库和本地仓库不一致，容易引起混乱。

在多分支情况下使用git reset还有其他问题，在下一节描述分支时再来介绍该命令的使用方法。

2. 回溯某一个历史版本的提交

reset命令意为"重置"，使用后会抛弃本地仓库中最近的几次提交回溯到指定版本，但如果只想去除commit链中某一次提交的内容，并且保留后续的提交历史，就需要使用git revert指令。此指令不会删除commit记录，而是新建一次commit记录用相反的操作记录需要回溯的提交。为了便于说明此指令的用法，下面以一个新的代码仓库演示revert指令的用法。注意它与reset指令的区别。

新建立的代码仓库有4次提交，每次提交加入一个新的文件，如图6.39所示。

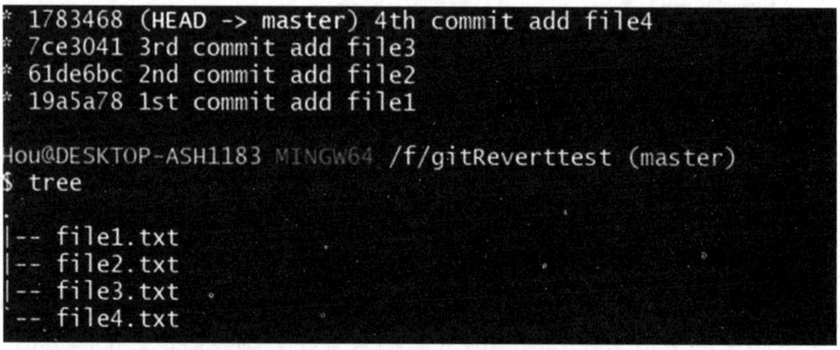

图6.39　演示revert指令的本地仓库情况

revert指令的一般格式为：

git　revert　<commit>

先输入git　revert　HEAD~1命令，回溯第3次提交观察命令效果。和commit指令一样，不加-m选项时弹出编辑器让我们编辑此次提交的记录信息，这里采用默认即可。执行revert后查看git　log及工作区信息，如图6.40所示。

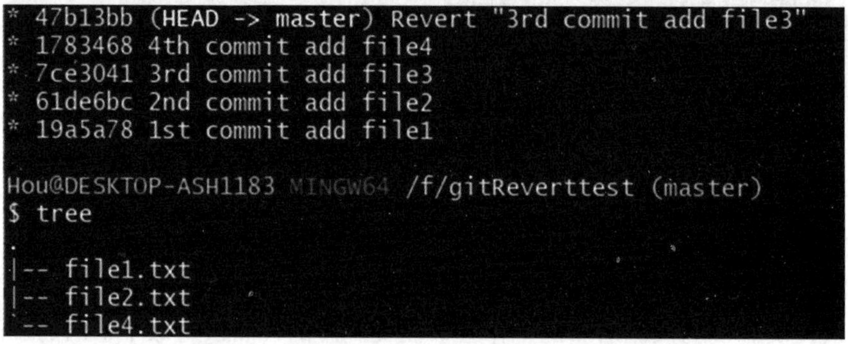

图6.40　git　revert指令回溯中间某一次提交

可以看到，最新的commit回溯了第3次提交加入file3.txt的操作，工作区和暂存区都没有了file3.txt文件。但第3次提交的记录还在commit链里面，后续的加入file4的工作也没有受到影响。相比于reset命令，revert命令保存了提交历史记录和回溯commit后续的工作。当然回溯中间的某一次commit可能会引起冲突，因为回溯的文件可能会对后续提交的工作产生影响，此时需要手动解决冲突并提交。有关冲突解决的例子在下一节分支合并操作里有具体描述。

3. 修改最近的commit记录

至此，同学们应该有了一些git本地仓库的使用经验。初学的同学可能会遇到一个常见的问题：在工作区完成阶段性的工作，最后提交到版本库中形成一次commit之后，又对本地的工作做了一些微小的修改，比如加入了简短的说明文件，给源文件加了几个注释等。这些工作需要合并到最新的那次提交之中，但刚刚 commit 指令已经执行了，此时该怎么做呢？

恢复 git 仓库提交情况到图 6.32。现在为 Max.c 文件加入一小段注释（见图 6.41）。

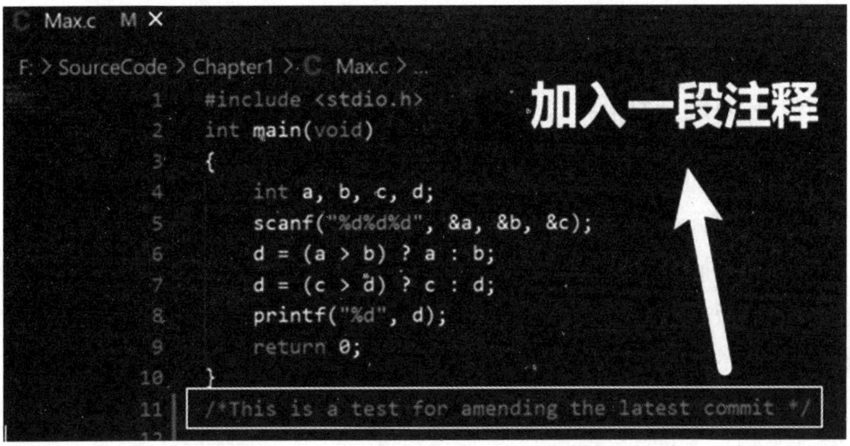

图 6.41　在 Max.c 中加入一小段注释

将此改动加入到暂存区中。运行命令：

git commit --amend

之后会弹出编辑界面，可以在此修改 commit 的说明信息。如果在这里不做修改保留原有的提交记录说明，重新查看 commit 记录，如图 6.42 所示。

图 6.42　修改后的提交记录

可以看到，在没有新增 commit 的情况下，Max.c 的修改被包含在了最新的提交记录当中。但是请同学们注意，此时最新的 commit 所对应的哈希值与原始的图 6.32 中最后提交的哈希值相比已经改变。事实上，即使不做任何修改，使用 commit --amend 命令后哈希值也会改变。这是因为每次 commit 记录的哈希值是由文件数据、提交时间等数据源经过哈希算法计算得到的，每次 commit 提交计算的哈希值都是唯一的，不能做到在哈希值不变的情况下修改 commit 内容。如果用 reflog 命令查看，原来的哈希值对应的 commit 记录还是存在，只不过此时已经没有 master 或其他 commit 记录指向它了。最终其会被 git 的垃圾回收机制处理掉。

这是常用的修改最新的 commit 记录的方法，如果想修改历史 commit 记录，就涉及 git rebase 命令的使用，同学们可以自行在官方手册中查看它的用法。

第五节　分支与合并

一、分支创建与切换

本部分使用的git命令如下。

git branch：展示创建分支；

git switch：切换分支。

分支是各种版本控制系统一般都支持的非常有代表性的设计，它可以简单理解成指向最新commit的指针。新的分支经常被用来在不影响工程主线功能的情况下，开发各种功能、修复各类系统bug，是多人协作开发的必要功能。下面介绍git分支的相关命令操作。

从创建仓库开始，我们一直在master分支下工作，使用git branch命令不加参数可以查看代码仓库中现有的分支。图6.43中master分支前面有一个星号，代表当前整个代码仓库处于该分支下。工作区和暂存区都为当前分支服务。

```
Administrator@DESKTOP-LFQ8N2D MINGW64 /f/SourceCode (master)
$ git branch
* master

Administrator@DESKTOP-LFQ8N2D MINGW64 /f/SourceCode (master)
$ git branch fixbug1

Administrator@DESKTOP-LFQ8N2D MINGW64 /f/SourceCode (master)
$ git branch
  fixbug1
* master

Administrator@DESKTOP-LFQ8N2D MINGW64 /f/SourceCode (master)
$ git log --oneline --graph
* 1db82fc (HEAD -> master, fixbug1) 3rd commit add simpleCalcu.c
* 8341865 (tag: v0.1) second commit add .gitignore
* fa37a90 First commit
```

图6.43　branch命令创建查看分支

假设当前演示的代码仓库是一个软件项目，并且需要在不影响主线继续开发的情况下修改一个bug，那么可以使用下面的格式命令创建fixbug1分支：

git branch <分支名字>

图6.43中的log指令提示我们，此时刚刚创立的fixbug1分支和master分支具有相同的提交记录，并且HEAD指向master分支作为当前分支。注意此时的log命令加

了--graph参数，在commit记录前有图形星号标出。这在后续查看不同分支的提交记录时特别有用。

常见的工作场景下，小组中负责修复bug的组员拿到这个代码仓库后，可以创建并切换到fixbug1分支下开始工作了。切换分支的命令格式如下：

git switch <分支名>

切换到fixbug1分支，在该分支下创建一个Fixbug文件夹，在其中加入一个简单的说明文件Readme.md，并且将此次修改提交作为第4次commit。操作过程如图6.44所示。注意，使用switch命令后，命令路径末尾的括号内提示当前分支已经变为fixbug1。

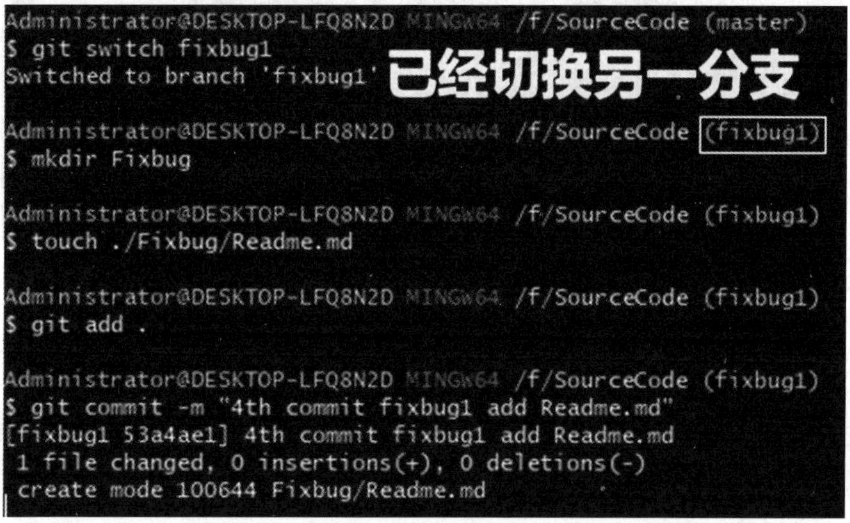

图6.44 切换fixbug1分支，添加文件并提交

上述创建分支并切换的两条命令也可以合并如下：

git switch -c <分支名>

此时再次查看git log。可以看到，由于切换了分支，当前分支HEAD指向了fixbug1。fixbug1分支上进行了第4次提交，而master分支还保持在第3次的提交记录上。如图6.45所示。

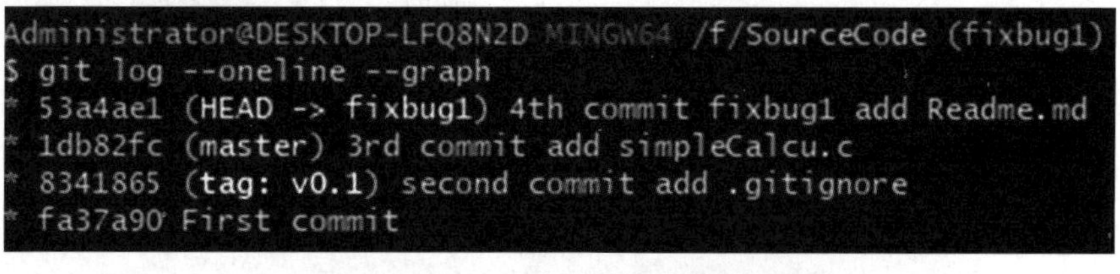

图6.45 git log查看分支的提交记录

使用git switch master命令切换回master分支，注意观察图6.46中工作区和git log指令的变化。

```
Administrator@DESKTOP-LFQ8N2D MINGW64 /f/SourceCode (fixbug1)
$ git switch master
Switched to branch 'master'

Administrator@DESKTOP-LFQ8N2D MINGW64 /f/SourceCode (master)
$ git log --oneline --graph
* 1db82fc (HEAD -> master) 3rd commit add simpleCalcu.c
* 8341865 (tag: v0.1) second commit add .gitignore
* fa37a90 First commit

Administrator@DESKTOP-LFQ8N2D MINGW64 /f/SourceCode (master)
$ tree .
.
|-- Chapter1
|   |               `-- HelloWorld.c
|   |               `-- HelloWorld.exe
|   |               `-- Max.c
|   |               `-- baseio.c
|   |               `-- baseio.exe
|   |               `-- simpleCalcu.c
'-- Chapter2
                    `-- while.c
```

图 6.46　切换回 master 分支后提交记录及工作区的情况

切换回 master 分支后，工作区中在 fixbug1 分支下建立的 BugFix 文件夹消失了。因为在 master 分支下并没有该文件夹的记录，并且 git log 中没有 fixbug1 分支的提交记录，这是因为 fixbug1 上的提交晚于 master 分支最后的提交。当 HEAD 指向 master 分支后，默认不显示晚于此次提交的记录。可以在 log 指令后继续加入 --all 参数，查看全部的 commit 记录。

此时的情形特别像 reset --hard 回溯命令执行后的情况。事实上，当前这种情况确实和单分支情况下使用 reset 指令一样，如图 6.47 所示。

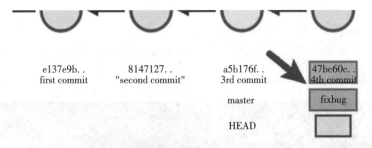

图 6.47　分支切换回 master 后的版本库情况

对比图 6.37 和图 6.47 可以发现，与 reset 指令不同的情况在于：reset 指令回溯后，被回溯的提交没有被任何指针所指向，正常应该不再被使用。而分支切换时，分支 fixbug1 指向后续第 4 次提交，使得该提交处于被管理的状态，可以被再次切换使用。

现在 git log 指令附带的选项很多，每次打开 git bash 重新输入指令都要写很多的选项。这里介绍通过git配置选项使用命令别名的功能。使用下面的命令打开git全局配置文件：

git config --global -e

如图6.48所示，在配置文件中添加alias项，设置lg的别名为log --pretty=oneline --all --graph --abbrev-commit。这些选项的具体含义可以在表6.1中找到。

图6.48　git配置文件添加别名

配置完成后，在git bash中只需要输入git lg就可以代替git log加上图6.48中所示这些选项的完整写法了。如图6.49所示。

图6.49　运行自定义简写git lg

二、分支合并

本节使用的git命令如下：

git merge：分支合并；

git branch -d：删除分支。

1. 三路合并（3-way）

让我们在主分支上继续加入一份代码Chapter2/sort.c，并且提交到代码仓库。

此时查看git log，如图6.50所示。

图6.50　master分支继续提交

可以看到，git log的图形示例中分出两条支线，分别代表两条开发分支master和fixbug1。

假设现在fixbug1的工作完成，想要将工作内容加入合并到master分支的最新提交上，需要使用git merge命令。此时注意合并方向，一般都是在master分支上合并其他分支，否则整个项目合并的最新提交将变成fixbug1。

在master分支下使用命令git merge fixbug1。由于两个分支都有新的提交，所以，使用分支合并命令相当于创建一个新的commit。中途会弹出编辑器编辑此次提交的信息，这里采用默认。合并后查看git log及工作区，结果如图6.51所示。

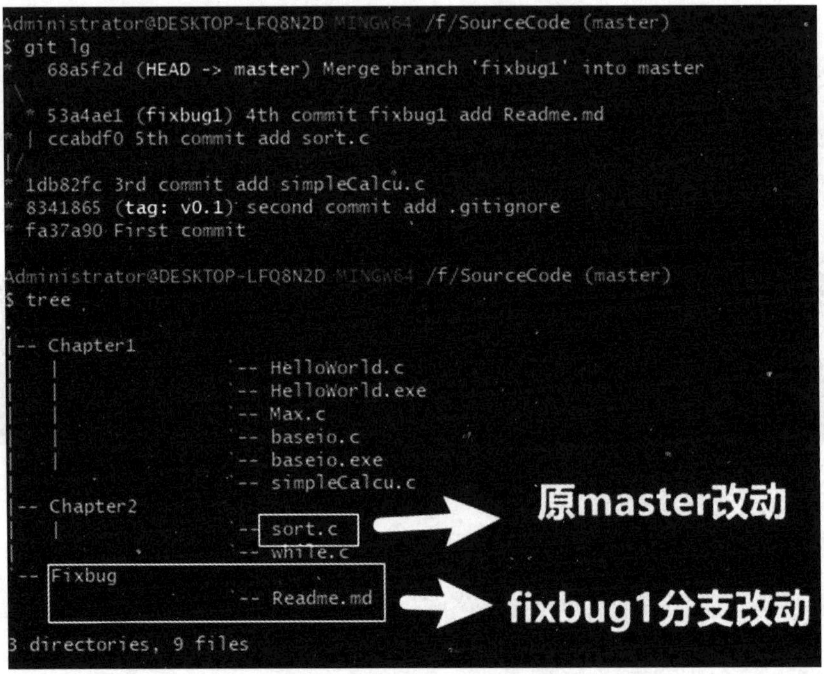

图6.51　合并分支后的情况

新的提交内容包含两个分支上的各自工作，fixbug1分支上的改动已经合并到master上了。上述的合并方式之所以被称为三路合并，是因为合并后的内容是基于三个commit节点产生的，即图6.51中最新的68a5f2d节点是基于master分支的第5次提交、fixbug1分支的第4次提交，以及它们共同的父节点初始的第3次提交的内容生成的。

此时master分支已经包含了fixbug1分支上的所有内容，自行开发的话可以考虑使用命令git branch -d <分支名称>删除fixbug1分支。但一般建议还是保留分支指向，后期追溯代码修改历史时可以用到。

2. 快速合并方式（fast-forwad）

使用reset --hard指令加commit哈希值的方式回溯到图6.49所在的工作情形，即创建fixbug1分支，进行了第4次提交，但master分支没有任何改动的时间点。如果此时立刻将改动合并到master分支，会产生什么样的合并效果呢？此种情形下实际合并后的效果如图6.52所示。

```
Administrator@DESKTOP-LFQ8N2D MINGW64 /f/SourceCode (master)
$ git merge fixbug1
Updating 1db82fc..53a4ae1
Fast-forward
 Fixbug/Readme.md | 0
 1 file changed, 0 insertions(+), 0 deletions(-)
 create mode 100644 Fixbug/Readme.md

Administrator@DESKTOP-LFQ8N2D MINGW64 /f/SourceCode (master)
$ git lg
* 53a4ae1 (HEAD -> master, fixbug1) 4th commit fixbug1 add Readme.md
* 1db82fc 3rd commit add simpleCalcu.c
* 8341865 (tag: v0.1) second commit add .gitignore
* fa37a90 First commit
```

图6.52　master分支没有改动直接合并fixbug1

对比图6.51和图6.52可以发现，这次合并并没有产生新的节点，因为fixbug1上最新的节点就包含了master分支所有的工作内容。合并时只需将master分支指向fixbug1分支上最新的节点就可以满足合并需求了，这样的合并被称为快速合并。如图6.53所示。

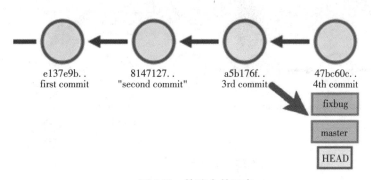

图6.53　快速合并示意

但这样做也会有问题，图6.53中master分支和fixbug分支此时完全重叠，单从提交记录上看，假设fixbug分支是从第一次提交开始一路提交到第4次，最后再和master分支合并也完全符合图6.53的结果。如果出现问题想要追溯，困难很大。因此，除非自己明确快速合并不会带来问题，否则即使在master分支没有任何改动时也尽量创建新的commit记录合并内容。可以使用下面的命令在合并时禁止快速合并：

git merge <分支名> --no-ff

结果如图6.54所示，这也就可以明确追溯fixbug1分支的改动记录了。

```
Administrator@DESKTOP-LFQ8N2D MINGW64 /f/SourceCode (master)
$ git lg
*   ef372a5 (HEAD -> master) Merge branch 'fixbug1' into master
|\
| * 53a4ae1 (fixbug1) 4th commit fixbug1 add Readme.md
|/
* 1db82fc 3rd commit add simpleCalcu.c
* 8341865 (tag: v0.1) second commit add .gitignore
* fa37a90 First commit
```

图6.54　禁止快速合并后进行合并

　　与分支合并相关的命令还有 git rebase。使用 merge 命令会清晰地新建一个 commit 将两个分支合并新建一个新的 commit 节点，并且保留分支记录。而 rebase 命令则直接通过改变分支 commit 父节点的方式将分支的提交记录平移到要合并的主分支上，如图 6.55 所示。这使得整个提交记录变得整洁，没有那么多的"分叉"。但这样做的隐患也是显而易见的，从提交记录上再也看不出 fixbug 分支是从哪开始提交的了。在多人协作时，如果把最新拉取（pull）的 master 分支 rebase 到本地开发分支的工作上，并且重新推送到远端，就会破坏 master 分支实际的提交顺序。所以在很多实际的开发场景下，rebase 指令是被禁用的。

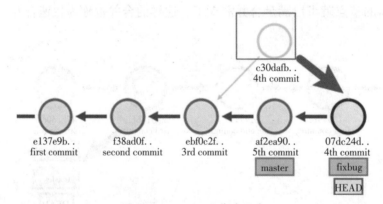

图6.55　git rebase 指令示意

三、分支冲突解决

　　前文列举了创建分支并合并分支内容的理想情况。同学们可以设想一些常见的工作场景，如果两个分支对同一个文件的同一位置有着不同的修改，合并时该如何处理这部分内容呢？当切换分支时尚未保存的工作区文件该怎么处理呢？下面让我们继续解决这些问题。

1. 两个分支修改的同一文件

　　恢复当前本地仓库至图 6.51，在主分支下再次建立一个分支 feature1，分别在

master分支和feature1分支上对Fixbug/Readme.md文件的第1行做不同的修改。如图
6.56所示。

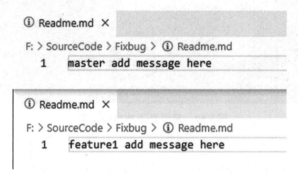

图6.56 两个分支对同一文件同一位置修改

在master和feature1分支上分别提交上述修改，此时版本库的提交记录如图6.57
所示。

```
Administrator@DESKTOP-LFQ8N2D MINGW64 /f/SourceCode (feature1)
$ git lg
* c20db46 (HEAD -> feature1) 7th commit feature1 amend Readme.md
| * 0179f4e (master) 6th commit master amend Readme.md
| *   68a5f2d Merge branch 'fixbug1' into master
| |
| | * 53a4ae1 (fixbug1) 4th commit fixbug1 add Readme.md
| |   ccabdf0 5th commit add sort.c
| |
* 1db82fc 3rd commit add simpleCalcu.c
* 8341865 (tag: v0.1) second commit add .gitignore
* fa37a90 First commit
```

图6.57 将修改提交到不同分支

此时如果想输入merge命令合并这两个分支，就会出现合并冲突，给出的提示
信息如图6.58所示，说明自动合并失败并给出了冲突文件的名称。请注意下一个命
令行的提示信息（master|MERGING）。自动合并失败后，目前的git处于正在合并的
状态。

```
Administrator@DESKTOP-LFQ8N2D MINGW64 /f/SourceCode (master)
$ git merge feature1
Auto-merging Fixbug/Readme.md                         处于正在合并状态
CONFLICT (content): Merge conflict in Fixbug/Readme.md
Automatic merge failed; fix conflicts and then commit the result.

Administrator@DESKTOP-LFQ8N2D MINGW64 /f/SourceCode (master|MERGING)
$
```

图6.58 合并分支存在冲突

提示信息运行git status给出如图6.59所示信息。

```
Administrator@DESKTOP-LFQ8N2D MINGW64 /f/SourceCode (master|MERGING)
$ git status
On branch master
You have unmerged paths.
  (fix conflicts and run "git commit")
  (use "git merge --abort" to abort the merge)

Unmerged paths:
  (use "git add <file>..." to mark resolution)
```

图6.59　需要处理冲突的文件

处于正在合并状态时，可以使用git merge --abort放弃此次合并，更多情况下需要手动解决冲突，并决定本次合并存在冲突的文件最终要保留什么文本。之后继续提交完成此次合并。现在让我们看看此时冲突文件Readme.md里面有什么内容。如图6.60所示。

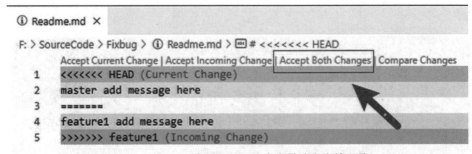

图6.60　VSCode中显示处于分支合并冲突中的文件

Fixbug/Readme.md文件已经被修改了。git把冲突的地方都按照格式列举了出来。此时我们可以编辑文件决定最终的文本来解决冲突。用VSCode打开此时这个受到git管理的文件夹会发现，VSCode里集成的git功能使文件此时看起来更直观。目前我们处于master分支，假设想保留两条分支下编辑的内容，可以点击"Accept Both Change"后保存文件。

现在使用git add. 命令将Readme.md文件的改动提交到暂存区，使用git commit命令手动提交后就完成此次合并了。如图6.61所示。

```
Administrator@DESKTOP-LFQ8N2D MINGW64 /f/SourceCode (master)
$ git lg
   3776aaa (HEAD -> master) Merge branch 'feature1' into master

   c20db46 (feature1) 7th commit feature1 amend Readme.md
 | 0179f4e 6th commit master amend Readme.md

   @8a5f2d Merge branch 'fixbug1' into master

 | 53a4ae1 (fixbug1) 4th commit fixbug1 add Readme.md
   ccabdf0 5th commit add sort.c

   1db82fc 3rd commit add simpleCalcu.c
   8341865 (tag: v0.1) second commit add .gitignore
   fa37a90 First commit
```

图6.61　解决冲突后继续合并分支

2. 切换分支时暂存工作区、暂存区的内容

本部分使用的git命令:

git stash:暂存尚未提交的修改。

本章关于分支的操作目前都是在工作区和暂存区与版本库一致的情况下进行的。在实际工作中,经常在切换到其他分支前已经在当前分支工作了一段时间,工作区和暂存区都有了一些改动。此时切换分支往往会导致将目前分支的工作区和暂存区的内容带到另一个分支下,造成混乱。而且如果当前分支和目标分支关于某一个文件记录不一样,并且在切换前修改了此文件未提交的话,尝试切换分支会报错。强行切换分支会丢弃这部分内容。这时就可以使用git stash命令临时存储目前工作区和暂存区已有的一些改动工作。

git stash命令常用的选项功能见表6.2。

表6.2 stash命令常用选项

选 项	作 用
push	临时存储工作区、暂存区的改动
list	查看已经保存的stash记录
show <stash编号>	显示对应的stash记录
apply <stash编号>	将stash改动恢复到工作区或暂存区
drop <stash编号>	删除对应的stash记录
clear	清理stash记录

现在建立一个测试分支stashtest,并且在master分支下做如下操作。

(1)添加一个文件newfile.txt,作为未追踪状态文件。

(2)为了使master分支和stashtest分支关于Readme.md文件的记录不同,这里在master分支上修改Fixbug/Readme.md文件。之后再次在工作区打开该文件并修改它,使得此时在master分支上,工作区的内容也与暂存区和版本库不同。

此时的git log记录及master分支下的工作区情况如图6.62所示。

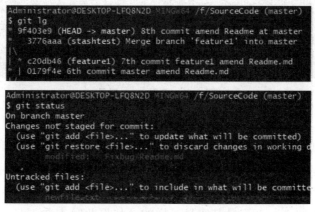

图6.62 测试stash命令环境准备

尝试切换到stashtest分支，结果如图6.63所示。

```
Administrator@DESKTOP-LFQ8N2D MINGW64 /f/SourceCode (master)
$ git switch stashtest
error: Your local changes to the following files would be overwritten
t:
        Fixbug/Readme.md
Please commit your changes or stash them before you switch branches.
Aborting
```

图6.63　切换分支报错

报出的错误显示：切换分支会使本地对Fixbug/Readme.md文件的修改被丢弃，请先提交或暂存此次修改。事实上如果两个分支对该文件的记录一致，切换分支的动作会将master分支下工作区的修改直接保留到stashtest分支的工作区下，因此不会产生冲突。就像错误提示中并没有涉及newfile.txt文件，因为两个分支对于此文件的记录一致，都没有该文件的提交。

其实无论切换时是否报错，如果希望保存当前尚不能提交的工作，并且在新的分支上有一个干净的工作区，都可以使用如下命令来缓存当前工作区和暂存区的工作：

git stash push -am "stash master changes"

其中，-m参数和commit一样提供编辑此条临时存储的说明，加入-a参数是因为newfile尚未处于tracked状态，如果想将包括untracked状态文件的工作区及暂存区全部临时存储，需要该参数。

查看已经暂存的stash记录可以使用命令：

git stash list

查看某一条stash记录（见图6.64）的命令为：

git stash show <stash编号>

```
Administrator@DESKTOP-LFQ8N2D MINGW64 /f/SourceCode (master)
$ git stash list
stash@{0}: On master: stash master changes

Administrator@DESKTOP-LFQ8N2D MINGW64 /f/SourceCode (master)
$ git stash show 0
 Fixbug/Readme.md | 3 ++-
 1 file changed, 2 insertions(+), 1 deletion(-)
```

图6.64　查看stash记录

图6.64中显示，目前已经有一个0号stash记录了。show选项显示0号stash里的内容。由于newfile.txt处于untracked状态，版本库里没有记录比对，所以没有列出。此时查看git status发现，master工作区中关于Fixbug/Readme.md及新增的newfile.txt的修改记录已经没有了，此时再切换分支就不会报错了。

stash的原理和commit记录其实是一样的，如果此时查看git log记录，会出现图

6.65所示结果。

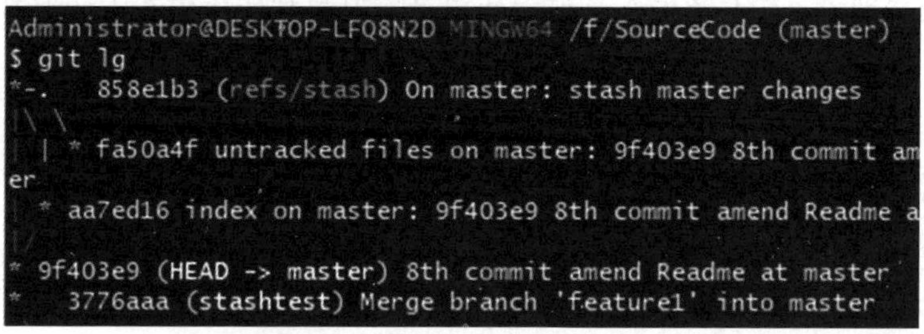

图6.65 存在stash时查看git log记录

这里的log记录，平时使用时很少用到，只要看到这些自动提交记录时能够知道是stash就好。虽然看起来很混乱，但仔细阅读后发现，stash操作仅仅是在HEAD下自动添加了一些commit记录，将工作区和暂存区的改动分支合并保存。

如果想将某一条临时存储记录重新应用回当前分支。可以使用命令：

git stash apply<stash编号>

恢复改动后可以删除stash记录，相关命令如下：

git stash drop <stash编号>

git stash clear

四、撤回合并

在开始本部分内容前，请同学们练习使用之前介绍的reset，branch -d等指令将整个仓库恢复至图6.61所在的状态。

如果合并分支后项目出现问题，往往会有撤销合并的需求，使用的指令是前面版本回溯时使用过的两条指令reset和revert。毕竟撤回合并也是一种版本回溯。

使用git reset命令撤回合并很简单，和回溯版本的使用方式是一样的，只需要指定要回溯的版本即可。如图6.66所示。

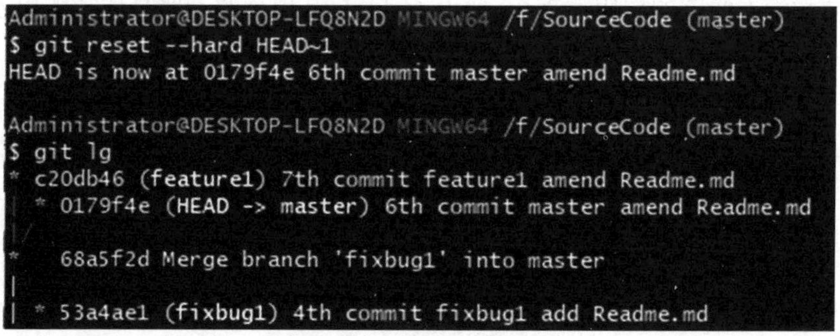

图6.66 reset指令撤销分支合并

但是这里还要强调，reset命令使用时会丢弃之前的合并提交，即图6.61中哈希值为3776aaa的提交。虽然在本地可以被reflog命令找回，但是在上传远程仓库协同开发时，会删除远端master上关于合并提交的记录，引起其他代码仓库的混乱。所以，如果想在保存合并提交记录的情况下回溯合并操作，还是推荐选用git revert命令。

对图6.61中的代码仓库使用git revert命令撤回合并，会新建一次提交记录撤回合并操作，指令格式如下：

git revert HEAD -m 1

和单分支的版本回溯不同，在撤回已经合并的提交时需要指定-m参数，编号从1开始指定回溯的方向，否则会报错。这是因为revert需要明确回溯代码的起止范围，单分支下只有一个回溯方向，但合并的分支有两个回溯方向，此时m取1明确回溯master分支的合并前版本，结果如图6.67所示。

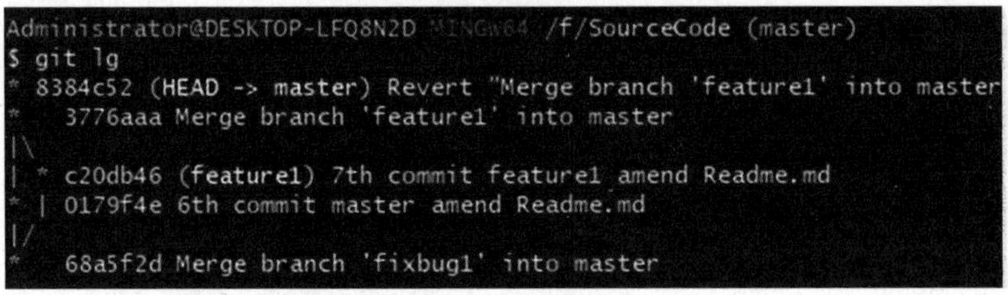

```
Administrator@DESKTOP-LFQ8N2D MINGW64 /f/SourceCode (master)
$ git lg
* 8384c52 (HEAD -> master) Revert "Merge branch 'feature1' into master
*   3776aaa Merge branch 'feature1' into master
|\
| * c20db46 (feature1) 7th commit feature1 amend Readme.md
* | 0179f4e 6th commit master amend Readme.md
|/
*   68a5f2d Merge branch 'fixbug1' into master
```

图6.67　revert指令撤销分支合并

五、git checkout命令解析

在git工具2.23版本以前，分支操作和文件恢复这两类重要的工作都是由命令git checkout来实现的。checkout意为"检出"，本质上就是将当前HEAD指向某个分支最近的commit，之后用这个commit恢复暂存区和工作区对应追踪的文件。如果参数为某个commit哈希值，也可达到恢复文件的效果。此命令承载的语义过多，对不熟悉git结构的新手很不友好，分支和文件同名时会有操作歧义。现在它的职能已经被switch命令和restore命令分担了，但是在很多git使用教程中，checkout指令还会经常出现。为了使同学们看懂它的作用，表6.3列出了checkout指令的一些具体功能以及对应的替代指令。

表6.3　checkout等价指令

操　作	等价指令	
新建并切换分支	git switch -c <newBranch>	git checkout -b <newBranch>
切换分支	git switch <newBranch>	git checkout <newBranch>
从暂存区恢复工作区文件	git restore <filename>	git checkout <filename>
从版本库恢复暂存区和工作区	git restore --staged --worktree <filename>	git checkout HEAD <filename>
从版本库恢复暂存区的文件	git restore --staged <filename>	git reset <filename>
抛弃工作区和暂存区所有的工作	git reset --hard	git checkout -f

第六节 gitee远程仓库

在了解了git本地仓库的使用方式后，本节介绍git远程仓库的使用方法，以便让项目代码在远端托管。

一、将本地仓库上传到gitee

1. 创建gitee账号，配置SSH

要想使用gitee的远程托管服务，首先需要访问gitee:

https://gitee.com/。

注册gitee账号后登录，新建一个代码仓库。这里创建了私有代码仓库gitTest。如图6.68所示。

图6.68　新建代码仓库

点击gitTest仓库首页，如图6.69所示，注意此时访问仓库的方法有两个：一种基于https，另一种基于SSH。

https地址：

https://gitee.com/gittestperson1/git-test.git。

SSH地址：

git@gitee.com:gittestperson1/git-test.git。

图6.69　gitTest仓库地址

要想将本地的仓库推送到新建立的远程仓库，首先要解决身份认证的问题。如果使用https方式接入，每次链接都需要输入密码，因此一般我们使用SSH的方式认证身份。SSH使用起来并不烦琐，只需要按照以下步骤完成设置即可。

首先在git命令行下输入以下指令，生成SSH公私钥：

ssh-keygen -t rsa

接下来会提示公私钥存放位置，如果原来有公私钥是否覆盖等信息，默认回车直至出现图6.70所示图案，本地的SSH公私钥已经生成，存放路径为~/.ssh。

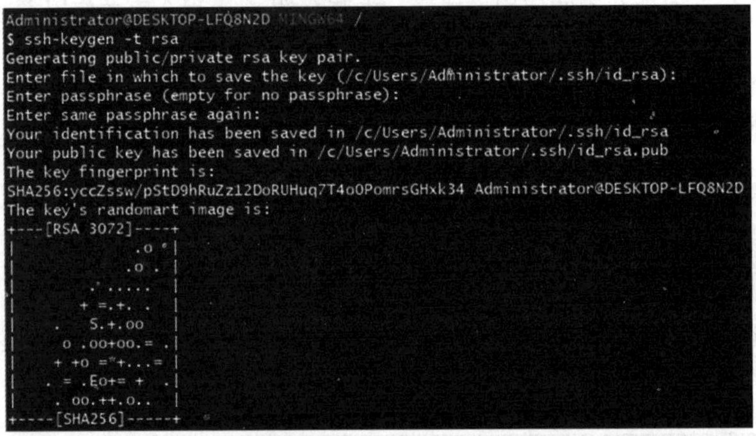

图6.70　生成SSH公私钥

使用cat命令输出生成的公钥内容，.ssh文件夹里id_rsa为私钥，加.pub后缀的为公钥。如图6.71所示。

图6.71　SSH公钥内容

选中并复制这些内容，在gitee平台的个人设置里找到SSH公钥，将id_rsa.pub的内容拷贝到公钥栏里，并且可以给当前的密钥添加一个标题。点击"确定"，输入账号，密码，添加成功。如图6.72所示。

图6.72　为gitee远程账号添加SSH公钥

回到本地，验证公钥是否添加成功，在git命令行输入:

ssh -T git@gitee.com

第一次连接会弹出一个是否继续确认的提示，输入“yes”后显示成功接入（见图6.73）提示。

```
Hou@DESKTOP-ASH1183 MINGW64 /
$ ssh -T git@gitee.com
The authenticity of host 'gitee.com (212.64.62.183)' can't be established.
ECDSA key fingerprint is SHA256:FQGC9Kn/eye1W8icdBgrQp+KkGYoFgbVr17bmjeyOWc.
Are you sure you want to continue connecting (yes/no/[fingerprint])? yes
Warning: Permanently added 'gitee.com,212.64.62.183' (ECDSA) to the list of know
n hosts.
Hi GittestPerson1! You've successfully authenticated, but GITEE.COM does not pro
vide shell access.
```

图6.73 SSH成功接入gitee平台

2. push本地仓库到远程仓库

在gitee建立好远程仓库并进行SSH身份验证之后，要想将之前做git练习的本地仓库SourceCode推送到已经建立的远程仓库上去，首先需要建立本地仓库与远程仓库的对应关系。

在本地仓库下使用如下命令配置对应的远程仓库的SSH地址：

git remote add origin git@gitee.com:gittestperson1/git-test.git。

该命令为本地仓库添加一个远程仓库，名叫origin，地址为gitee中新建的空仓库的SSH地址。前三个单词好理解，最后的origin是本地对应的远程仓库的名称。如果愿意，本地仓库可以对应多个不同名字的远程仓库。但一般本地仓库对应的远程仓库只有一个，而且名字一般都叫origin，不需要设定其他名字。使用git remote不接任何参数可以看到远程仓库的列表。

将本地仓库推送到远程仓库的命令如下：

git push origin master

如果是第一次推送，结果如图6.74所示，返回的文本信息显示远程仓库创建了一个master分支，并且push命令将本地的master分支推送到远程仓库的master分支上。

```
Administrator@DESKTOP-LFQ8N2D MINGW64 /f/SourceCode (master)
$ git push origin master
Enumerating objects: 46, done.
Counting objects: 100% (46/46), done.
Delta compression using up to 8 threads
Compressing objects: 100% (37/37), done.
Writing objects: 100% (46/46), 28.09 KiB | 871.00 KiB/s, done.
Total 46 (delta 12), reused 0 (delta 0), pack-reused 0
remote: Powered by GITEE.COM [GNK-6.4]
To gitee.com:gittestperson1/git-test.git
 * [new branch]      master -> master
```

图6.74 本地仓库推送到远程仓库

git push命令的完整格式如下：

git push [-f] [--set-upstream] [远程仓库名字（origin）[本地分支名字] [:远

端分支名字〕〕

-f:

f为focus的简写，在很多shell命令里代表"强制执行"的意思。如果要推送的本地分支和远端目标分支关于某些文件记录冲突，会推送失败。此时如果想覆盖远程仓库的目标分支，可以使用此选项。但请注意，一般远程仓库是供协同开发公共使用的，即使有权限push代码，推送时轻易不要加-f。

--set-upstream：

顾名思义，该选项将本地分支与远程仓库分支绑定，在第一次使用push时如果加入此参数，之后只需输入git push就可以自动推送了。可以使用git branch －vv查看本地分支与远程仓库分支的绑定情况。

:远端分支名字:

如果推送时将本地分支推送给远程仓库的同名分支，此时该选项可以省略，例如git push origin master命令默认会推送到origin的master分支上。完整的写法如下：

git push origin master：master

刷新gitee上的代码仓库，会发现本地的代码已经上传，可以在代码项里看到。点击"统计"→"提交"，可以看到本地仓库所有的提交记录。如图6.75所示。

图6.75　本地仓库被推送到远程仓库

二、将远程仓库获取到本地

1. 克隆仓库到本地

对于同学们来说，参与一个开源项目或日常使用远程代码托管平台协作开发，最为常见的工作场景是将远程仓库获取到本地。打开 git bash，将工作路径切换到 F 盘根目录下。使用下面 2 条命令可以将远程仓库克隆到本地（见图 6.76），并且查看所有的分支记录：

git clone git@gitee.com:gittestperson1/git-test.git

成功克隆后，本地的 F 盘下会多出一个以远程仓库名字创建的文件夹 git-test。进入该文件夹，运行 git log 命令，对比原来的本地 git 仓库 SourCode 发现所有的提交记录都是一样的。只是多了远程仓库分支提示信息。使用下面的指令查看本地和远程的所有分支：

git branch –a

master 为本地分支，远程仓库的 master 分支为 origin/master，远程仓库的指向为 origin/HEAD。

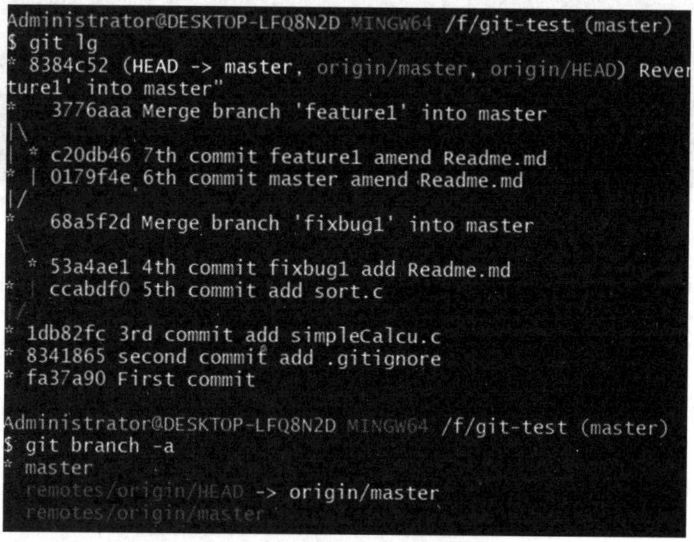

图 6.76 git clone 远程仓库到本地

2. 获取远程仓库最新提交

在通过克隆指令获得完整的远程仓库代码之后，通常我们会新建自定义分支开始自己的工作。如果工作一段时间之后远程仓库 master 分支被其他管理员更新了版本，那么可以使用抓取（fetch）或拉取指令获取更新。下面让我们进行相关的实验：从原来的本地仓库 SourceCode 提交一个最新的改动，为 Fixbug/Readme.md 文件新加入一行文本。如图 6.77 所示。

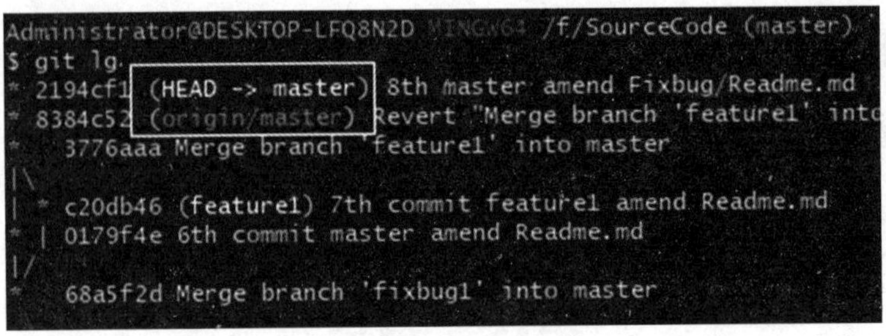

图6.77　原始仓库提交master分支改动

注意图中origin/master标记。本地仓库提交之后领先了origin/master一次提交。origin/master虽然指示的是远程仓库master分支的记录位置，但本质上却是本地的一个分支。

将这个改动push到远程仓库的master分支上，再次运行git log，发现origin/master与本地的master分支指向是一致的。这相当于在本地仓库进行了一次分支快速合并。远程仓库也获取了此次提交。如图6.78所示。

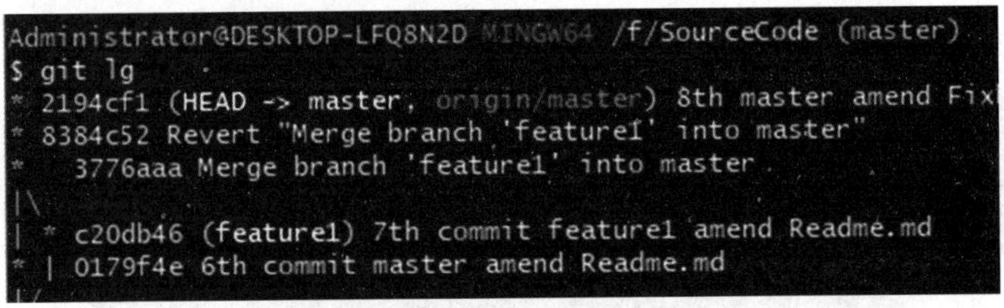

图6.78　push远程仓库和本地仓库情况

在刷新gitee远端版本库页面，发现提交记录里记录了此次改动。如图6.79所示。

8th master amend Fixbug/Readme.md

Yourname 提交于 3分钟前

图6.79　远端版本库master分支更新提交

对于从远程仓库克隆的git-test仓库来说，要想获取此次提交，需要运行命令：

git fetch origin master

与push指令格式相对应的git fetch指令格式为：

git fetch <远程主机名字> <远程分支名字> ：<本地分支名字>

在git-test仓库运行git log命令，显示结果与图6.77相反。远程仓库的master分支此时领先git-test仓库当前master分支的最后提交。如图6.80所示。

```
Administrator@DESKTOP-LFQ8N2D MINGW64 /f/git-test (master)
$ git lg
* 2194cf1 (origin/master, origin/HEAD) 8th master amend Fixbug/
* 8384c52 (HEAD -> master) Revert "Merge branch 'feature1' intc
*   3776aaa Merge branch 'feature1' into master
|\
| * c20db46 7th commit feature1 amend Readme.md
* | 0179f4e 6th commit master amend Readme.md
|/
*   68a5f2d Merge branch 'fixbug1' into master
```

图6.80　远端版本库更新

orign/master也是分支，要想应用最新从远程仓库拉取的提交，只需要运行git merge，将master分支与orign/master合并即可。这样就使得本地仓库获取了远程仓库master分支的最新改动了。如图6.81所示。

```
Administrator@DESKTOP-LFQ8N2D MINGW64 /f/git-test (master)
$ git merge origin/master
Updating 8384c52..2194cf1
Fast-forward
 Fixbug/Readme.md | 3 ++
 1 file changed, 2 insertions(+), 1 deletion(-)

Administrator@DESKTOP-LFQ8N2D MINGW64 /f/git-test (master)
$ git lg
* 2194cf1 (HEAD -> master, origin/master, origin/HEAD) 8th ma
eadme.md
* 8384c52 Revert "Merge branch 'feature1' into master"
*   3776aaa Merge branch 'feature1' into master
|\
| * c20db46 7th commit feature1 amend Readme.md
```

图6.81　本地仓库合并远端版本库更新

上述git fetch和git merge两个步骤可以用git pull命令代替，使用的格式和git fetch一样。也就是说，git pull指令一起运行抓取和合并分支两个动作。实际工作中pull指令更为常用。

3. 推送远程仓库冲突解决

在使用远程仓库协同工作时，同样会有前文所描述的文件修改的冲突问题。假设在SourceCode仓库里再次修改Fixbug/Readme.md文本进行第9次提交，并推送到远端master。此时如果git-test仓库也想推送master分支到远程仓库，那么会产生如图6.82所示的错误。

```
Administrator@DESKTOP-LFQ8N2D MINGW64 /f/git-test (master)
$ git push origin master
To gitee.com:gittestperson1/git-test.git
 ! [rejected]        master -> master (fetch first)
error: failed to push some refs to 'gitee.com:gittestperson1/git-test.git'
hint: Updates were rejected because the remote contains work that you do
hint: not have locally. This is usually caused by another repository pushing
hint: to the same ref. You may want to first integrate the remote changes
hint: (e.g., 'git pull ...') before pushing again.
hint: See the 'Note about fast-forwards' in 'git push --help' for details.
```

图6.82　推送远程仓库错误

因为远端的master已经有了最新改动，远端HEAD位置已经变化，而此时本地还未及时拉取这些更新，所以此时git-test内的master分支push本地提交时，无论是否有文件与远端版本冲突都会报错，这是协同工作时很常见的情况。所以，在推送本地的改动前需要先抓取远程仓库的对应分支，确认最新的改动，本地合并最新的改动在处理完冲突后才能推送。

现在在git-test本地同样修改Fixbug/Readme.md文件，提交本地仓库同样做第9次提交，抓取远端master分支后查看git log，如图6.83所示。

图6.83　获取远程仓库提交

此时要想继续提交本地修改，需要将本地提交和抓取的最新远端master分支合并。按照第六章第五节中处理分支合并冲突的教程操作即可。处理完分支合并冲突后，代码就可以从git-test推送到远程仓库的master分支了。如图6.84所示。

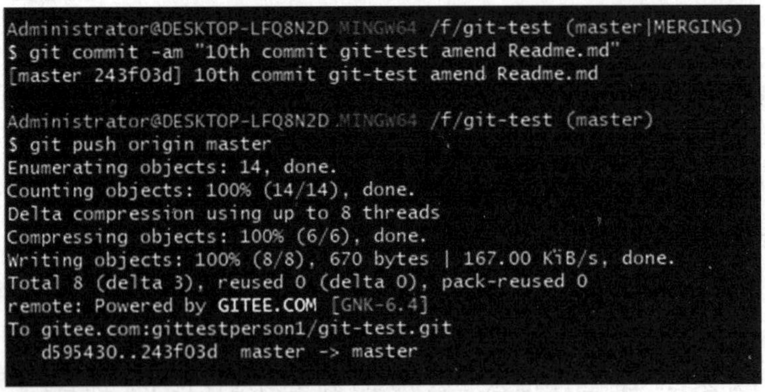

图6.84　处理合并冲突后推送远端master分支

三、多人协作工作流程

在多人协作开发场景当中，如果所有人都有权限向远程仓库的master分支提交内容，势必会引起混乱。所以需要通过多分支的方式来实现团队协作开发。不同团队具体的协作流程不同，一般而言，下面的几种分支是常用的。

master/main分支：项目的主分支，用来发布项目的最稳定版本。

develop分支：主要的开发分支，日常开发的功能主要合并到此分支上，在一段时间的开发后由管理员合并到主分支上。

feature/<开发者1>分支：开发者从远端的develop分支上获取最新的代码后，在此基础上创建的分支。在特定功能开发完成后需要合并到develop分支上。

hotfix分支：用来修复已经上线的master分支产生的bug，bug修复完成后需要同步合并到master分支和develop分支上。

其他常见分支还包括测试分支、预上线分支等。图6.85表明了利用这些分支进行协作开发的一般流程。

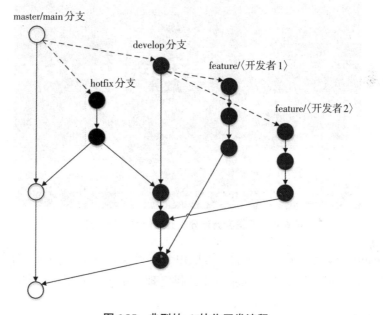

图6.85　典型的git协作开发流程

下面在远程仓库git-test中新建develop分支，并将它设置成保护分支，禁止除项目管理员外的其他人员对它进行提交。在"仓库的管理"→"保护分支"设置项中，将develop分支设置成默认分支，默认从该分支克隆仓库。在"仓库设置"→"仓库成员管理"中添加其他的开发者。如图6.86所示。

图6.86　设置git-test多分支，添加其他开发者

此时以开发者身份克隆git-test仓库后，运行git log，发现本地默认分支名为develop。在本地仓库新建feature1分支进行开发，新增文件Chapter3/feature1.c，提交后推送远程仓库，过程如图6.87所示。注意push命令的格式，此时的操作是从本地的feature1分支推送到远端的feature1分支，由于保护分支的限制，在本地如果将feature1分支合并到develop分支，并且想要以开发者身份推送develop分支到远端是不被允许的。

图6.87 开发者新建分支完成修改后推送分支

推送feature1分支到远程仓库后，可以由开发者发起pull request（合并请求），指明需要将feature1分支合并到develop分支，供管理员审核。如图6.88所示。

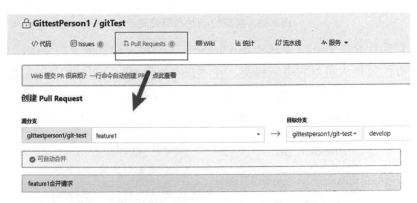

图6.88 开发者新建pull request请求，合并分支到develop

回到管理员的视角，此时远程仓库中可以发现由开发者推送的分支feature1。管理员可以在本地仓库拉取feature1分支，尝试合并到develop分支后再推送回远端develop分支，或者直接在远端处理开发者发出的pull request请求，完成合并。如图6.89所示。

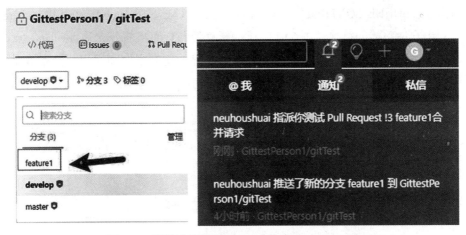

图6.89 远程仓库新增feature1分支及pull request

管理员审核完毕，合并了feature1之后，远程仓库的feature1分支就没有作用了，可以在分支管理中删除该临时分支。但是其他本地仓库上还会残留origin/feature1分支的信息。可以使用命令git remote prune origin来清理远程仓库已经废弃的分支。

第七节 VSCode与git协同工作

一、使用VSCode中集成的git功能

实际开发中，很多时候是通过IDE中集成的相关git功能，用GUI的方式使用git工具。在VSCode中，默认对很多git指令进行了封装，即使不在git bash中使用git命令，通过GUI选项也可直观地完成git的常规操作。下面让我们尝试在VSCode中不输入git指令完成一系列git操作。点击活动栏的"SOURCE CONTROL"功能，选择"Clone Repository"按键，或者直接在命令面板中输入git clone指令，填写远程仓库地址，进行远程仓库克隆。这里将git-test再次克隆到本地的其他位置并在VSCode中打开。如图6.90所示。

图6.90 VSCode中进行git clone

点击在"SOURE CONTROL"图标后的三个点，勾选"Source Control Repositories"选项，列出仓库整体的情况。图6.91中显示新克隆的仓库当前分支为develop。点击该分支图标或者点击状态栏左下角的分支图标可以显示所有本地和远程的分支情况，并且可以通过点击实现新建分支、拉取远程分支、切换分支等功能。

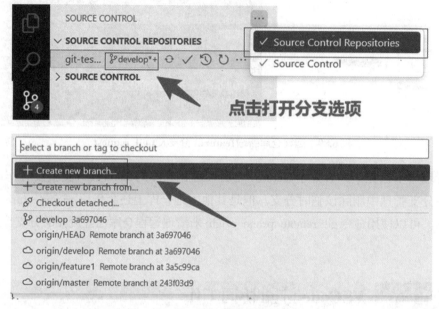

图6.91　显示当前仓库分支

在本地新建分支feature2，对仓库文件进行删除、修改和新增。这些变化都在"SOURCE CONTROL"中体现，如图6.92所示。其中很多git最为常用的指令，包括add、commit、restore等都可以直接在界面中点击实现。每次点击git功能按键，都可以在VSCode面板中的"OUTPUT"窗口选择git，查看后台实际执行的git命令。

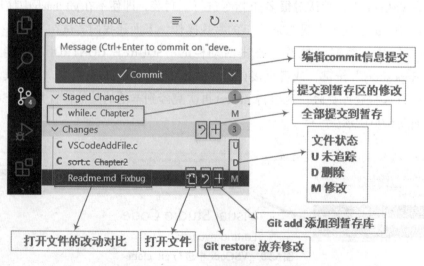

图6.92　VSCode集成的基本git功能

VSCode 内置的 git 功能不能查看 git log，可以下载多种插件丰富 VSCode 中的 git 功能，比较著名的插件包括 GitLens，Git History 等，这里选择 Git History。安装 git 插件以后，可以通过右键点击工作区，选择 Git：View File History 或者在 "SOURC CON-TROL" 新增的时钟图标里打开 git log。如图 6.93 所示。

图 6.93　安装插件，打开 git log

现在让我们将所有的修改在 feature2 分支上进行提交，有关 git 的更多操作，可以点击图 6.92 中 "SOURCE CONTROL" 后面的三个点进行选择。图 6.94 以 Commit 相关的功能为例，列出了一些常用选项与之前介绍的 git 命令之间的对应关系。可以看到，其他常用的 push、pull、branch 等 git 操作，都可以在这里找到。

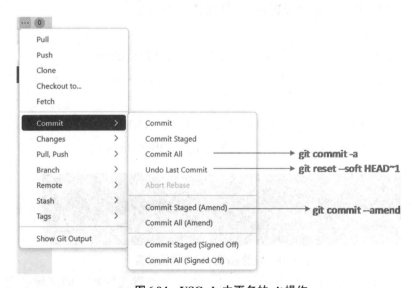

图 6.94　VSCode 中更多的 git 操作

提交后如果点击 "Publish Branch"，可以直接将当前分支 feature2 推送至远程仓库。这里我们先切换回分支develop，将最新的feature2上的改动与develop分支合并。图6.95显示的是当前git log提交记录，以及本地的develop分支有1个新的提交领先远程仓库develop分支的情况。此时可以点击图6.95中的同步图标（Sync Changes），将develop分支的改动推送到远程仓库的develop。

图6.95　develop分支合并feature2分支

虽然VSCode等编程软件中集成的git功能可以帮助用户便捷地进行版本管理操作，但一些细致的git操作，例如合并分支时加入禁止快速合并等，还是需要通过git bash来完成。请同学们在实际使用时结合自己的实际需求，熟练掌握相关内容。

二、设置VSCode为git的可视化diff工具

在git中可以设置使用其他文本工具代替diff命令查看文件变化，具体的设置方法如下。

首先在git中使用如下命令设置diff工具的名字VScode：

git config --global diff.tool VScode

之后设置调用名为VScode的diff可视化工具时具体执行的指令：

git config--global difftool. VScode. cmd 'code--wait--diff" $ LOCAL" " $ RE-MOTE"'

其中，code为调用VSCode命令，$ LOCAL为源文件，$ REMOTE代表修改后的文件。

设置完成后可以查看git的配置文件设置情况，如图6.96所示。

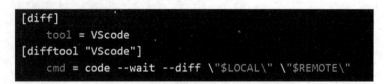

```
[diff]
    tool = VScode
[difftool "VScode"]
    cmd = code --wait --diff \"$LOCAL\" \"$REMOTE\"
```

图6.96　设置git的diff可视化工具

之后就可以用git difftool命令来代替git diff命令查看文件在不同区域的变化了。用法与git diff命令基本一致。比如，我们加入一段注释到F:\SourceCode\Chapter1中的HelloWorld.c文件。使用git difftool命令之后，会提示是否继续比对，选择"Yes"，之

后就会显示VSCode下工作区的HelloWorld.c文件和暂存区的文件有何不同。如图6.97所示。

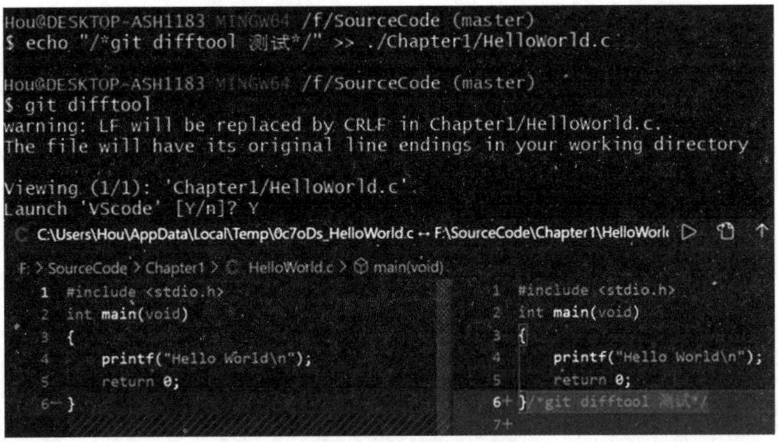

图6.97 使用其他文本工具运行git diff

本书中有关git操作内容的介绍就到此结束了，但是git的进阶学习内容还有很多，包括分布式git、git内部原理、在服务器部署私有git平台等内容。有学习需要的同学可以继续寻找相关资料学习。为了让同学们对分支节点的各种操作有更直观的视觉感受，推荐给大家一个辅助git学习网站：

https://learngitbranching.js.org/?locale=zh_CN。

这是一个闯关形式的git教学网站，比较适合在我们学习完一些分支的命令操作后进行练习。

下面的链接是一个帮助了解git分支变化的Web：

http://onlywei.github.io/explain-git-with-d3/。

参考文献

［1］ The Code::Block team. User Documentation for Code::Block［EB/OL］.（2023-02-11）
［2023-05-23］. https://wiki. codeblocks. org/index. php/User_documentation.

［2］ 金 K N. C语言程序设计:现代方法［M］. 2 版. 吕秀锋,黄倩,译. 北京:人民邮电出版社,2021.

［3］ EGE team. EGE manual［EB/OL］.（2015-04-07）［2023-05-23］. https://xege. org/ege-open-source.

［4］ 韩骏. Visual Studio Code权威指南［M］. 北京:电子工业出版社,2020.

［5］ Microsoft. Document for Visual Studio Code［EB/OL］.（2023-01-16）［2023-05-23］. https://code. visualstudio. com/docs.

［6］ GNU software. GNU make documents［EB/OL］.（2023-02-26）［2023-05-23］. https://www. gnu. org/software/make/manual/make. html.

［7］ CMake team. CMake Reference Documentation［EB/OL］.（2023-04-20）［2023-05-23］. https://cmake. org/cmake/help/latest/.

［8］ Scott Chacon,Ben Straub. Pro Git［EB/OL］.（2014-03-17）［2023-05-23］. https://git-scm. com/book/zh/v2.

［9］ 大塚弘记. GitHub入门与实践［M］. 支鹏浩,刘斌译. 北京:人民邮电出版社,2015.